Principais ferramentas e

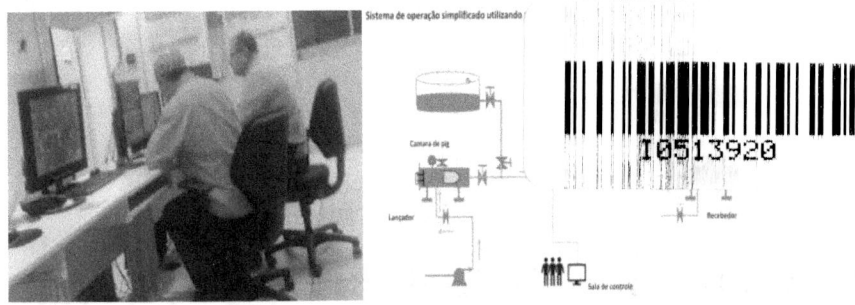

sistemas, para o trabalho

com combustíveis.

Arthur Madagascar

Principais ferramentas e sistemas, para o trabalho com combustíveis.

Arthur Madagascar

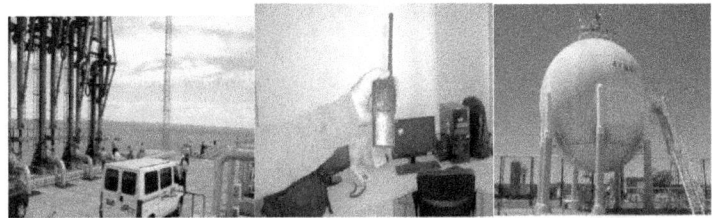

Conhecer resumidamente e com simplicidade, mais de 200 equipamentos e acessórios, utilizados diariamente para o trabalho na indústria do petróleo, petroquímicas e similares.

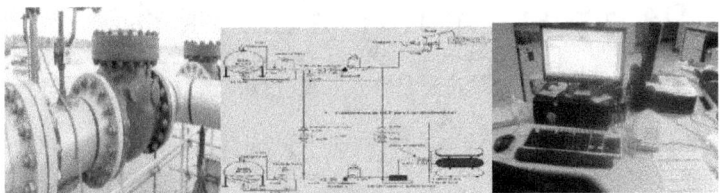

Explicar as formas corretas de manuseio dessas ferramentas, e os cuidados, atendendo procedimentos do fabricante e da empresa operadora; através de uma visão experiente e com responsabilidade ambiental constante.

Aumentar o conhecimento básico, sobre a utilidade e manuseio dos principais, equipamentos, instrumentos e 36 sistemas operacionais dessa área da indústria; de uma forma simples e objetiva. Mais de 440 imagens, que ajudarão no aprendizado e no dia a dia do trabalho.

Conhecer resumidamente e com simplicidade, 36 sistemas operacionais; mais de 194 equipamentos e acessórios (com mais de 440 imagens); que são utilizados diariamente, para o trabalho na indústria do petróleo, petroquímicas e similares.

Arthur Madagascar

Agradecimentos

Agradeço a Deus pelo amor e pela paciência comigo; à família, aos amigos. Agradeço a todos que passaram pela minha vida e deixaram coisas úteis, para que eu pudesse compartilhar com mais criaturas.

Objetivo

Sabemos que existem centenas de equipamentos instrumentos em uma empresa de transporte e armazenamento de derivados químicos e inflamáveis.

A ideia não é relatar sobre todos e suas importâncias. Sabemos que todas essas ferramentas são importantes, dependendo da situação em que são necessárias.

Nossa ideia é tratar sobre as ferramentas mais utilizadas no dia a dia operacional.

Destacar os principais equipamentos, instrumentos e sistemas em um terminal; além de alguns equipamentos de bordo, normalmente utilizados. Mostrar de acordo com nossa experiência; suas utilidades, observações sobre o manuseio e os cuidados a serem observados.

Levar o leitor a conhecer detalhadamente, mais de duzentos equipamentos, acessórios e sistemas, utilizados diariamente durante o trabalho na indústria do petróleo, petroquímicas e similares.

Explicar resumidamente, semelhante a um dicionário, as formas corretas para o manuseio dessas ferramentas, os cuidados operacionais, enfatizando o uso dos procedimentos dos fabricantes, e da empresa operadora; através de uma visão experiente e com responsabilidade ambiental constante.

Aumentar o conhecimento básico, sobre a utilidade e utilização dessas ferramentas na área industrial, de uma forma simples e objetiva.

Considerações iniciais 015

2- Equipamentos
2.1 - Alguns equipamentos do terminal 016
O mangote 016
O mangote criogênico 018
O rádio VHF 019
Antena VSAT 020
O computador 021
Balança industrial 022
A calculadora manual 023
Tanques móveis para emergência 024
A esfera 025
Cilindro para armazenamento ou Vaso de pressão 026
O tanque para armazenamento 027
Tanque com teto flutuante 028
Tanque com teto esférico 029
Tanque com selo flutuante 030
Tanque para GLP refrigerado 031
Tanque para GNL 032
O Guindaste 033
O gerador para emergência 034

2.2 - Alguns equipamentos do sistema de dutos 035
Tê para solda em dutos 035
O flange simples 036
O flange cego 037
O flange de pescoço 038
A válvula esférica 039
A válvula gaveta 040
A válvula motorizada 041
A válvula para retenção 042
A válvula globo 043
A válvula FCV 044
A válvula PCV 045
A válvula LCV 046

A válvula HCV 047
A válvula automática para bloqueio 048
A válvula para alívio... 049
A raquete.. 050
O manômetro... 051
A figura oito.. 052
O vent.. 053
O Cap, O plug, O bujão.. 054
O dreno... 055
O looping.. 056
Pipe rack e Pipe way.. 057
A tubovia... 058
O carretel 059
A junta de expansão.. 060
A redução... 061
A bomba centrifuga para transferência..................... 062
A bomba alternativa para transferência.................... 063

2.3 - Alguns eq. para proteção individual- EPIs............ 064
Óculos para proteção.. 064
Capacetes para proteção.. 065
Luvas... 066
Protetor auricular.. 067
Máscara contra gases... 067
Botas... 067
Fardamento.. 068
Capa para proteção... 068
Aparelho para respiração autônoma......................... 069
Cinto trava quedas.. 069

2.4 - Alguns equipamentos utilizados no píer............... 070
Cabos para amarração.. 071
O braço para carga ou descarga................................ 071
O cabeço... 072
Gato para escape... 073

A defensa portátil..	074
A defensa fixa...	075
A boia para sinalização..................................	076
Barreira para contenção................................	077
Mantas absorventes.......................................	078
Chuveiro para emergência.............................	079
Boia e colete salva vidas................................	079
A lancha para apoio.......................................	080
Rebocador...	081
2.5 - Alguns eq. acessórios p/ med. e amostragem.........	**082**
Saca amostra comum.....................................	082
Saca amostra de nível....................................	083
Saca amostra com garrafas............................	084
Garrafas para amostras..................................	085
Trena para medição com prumo....................	086
Régua T para medição indireta......................	087
Produto para medição	088
Cilindro para amostras de GLP......................	089
Trena para medição com barra......................	090
Indicador de nível para tanque......................	091
Caderneta para anotação...............................	092
Tabela para arqueação...................................	093
Equipamento provador fixo EMED.................	094
Equipamento provador móvel EMED.............	095
Tabela para correção e conversão.................	096
3 - Alguns instrumentos do laboratório...........	**097**
A proveta..	097
O densímetro..	098
O bequer...	099
O termodensímetro..	100
Destilador automático....................................	101
Fulgorímetro...	102
Cromatógrafo..	103
Termômetro	104

O cronômetro.. 105

4 - Sistemas utilizados em um Terminal.................. 106
Sistema de **tanques** 106
Sistema para **movimentação do GLP**................................ 107
Sistema de **esferas**... 109
Sistema para **GLP refrigerado**... 110
Sistema para **GNL**.. 111
Sistema interno de **TV ou CFTV**... 112
Sistema para **comunicação**... 113
Sistema para **limpeza** de dutos com nitrogênio.................. 114
Sistema de braços de **carga ou descarga**.......................... 115
Sistema **supervisório**.. 117
Sistema para **odorização**.. 118
Sistema para **alarmes**... 120
Sistema para **combate a incêndio**..................................... 121
Sistema para **pigagem**.. 122
Sistema de **píer móvel**... 124
Sistema de **pieres**.. 125
Sistema **manifold**... 126
Sistema de **dutos**... 127
Sistema para corante.. 128
Sistema para descarga ou carga de **caminhões**................. 129
Sistema para descarga ou carga de **vagões**....................... 130
Sistema para **conferência** de produtos.............................. 131
Sistema para **alívio térmico**.. 132
Sistema **Sump tank**.. 133
Sistema para controle de **resíduos**................................... 134
Sistema para **drenagem** dos tanques................................ 136
Sistema para **quadro de boias**.. 137
Sistema **PLEM** 138
Sistema para **mistura** de produtos.................................... 139
Sistema **City Gate** para GNL... 140
Sistema para medição de GLP-EMED.................................. 141
Sistema para **controle de volumes**................................... 142
Sistema básico de **energia** para um terminal..................... 143

10

Sistemas para **transferências**.................................... 144
Sistema para cg e dg de embarcações com **produtos claros**...... 145
Sist. cg, dg e abast. de embarcações com **prod. escuros** 146
5 - Transportes... 147
Navio para petróleo.. 147
Navio para derivados e álcool..................................... 148
Navio para GLP pressurizado....................................... 149
Navio para GLP semi-refrigerado................................... 150
Navio para GLP refrigerado.. 151
Navio para GNL.. 152
Navio cisterna.. 153
Balsa para GLP.. 154
Balsa chata para petróleo e derivados............................. 155
Modal ferroviário... 156
Modal dutoviário.. 157
Modal rodoviário.. 158

6 - Alguns acessórios dos tanques..............................
Tubo interno para repouso (acalmador) 159
A boca para visita ao tanque...................................... 160
A boca para medição do tanque..................................... 161
Anel para resfriamento.. 162
Mesa para medição do tanque....................................... 163
Guarda corpo.. 164
Misturador do tanque.. 165
Diques para contenção... 166
Plataformas para acesso operacional............................... 167
As escadas.. 168
Válvula para pressão e vácuo...................................... 169
O filtro para duto.. 170
Isolamento térmico para equipamentos.............................. 171
Válvula para drenagem 172

7 - Outros acessórios... 173
Abraçadeira ou braçadeira... 173
Cabo para aterramento... 174

Braço para carga de caminhões e vagões tanque............	175
O lacre..	176
Cinta de lona para içamento...	177
Cabos de aço ou corrente para içamento......................	177
Conexão do caminhão tanque..	178
Cracha...	179
Tampão...	180
Parafusos e porcas..	180
Roletes para os dutos..	181
Junta para acoplamento..	182
Desengate dos braços para emergência	183
Oring..	184
Steam tracing..	185
Purgadores de vapor..	186
Quadro para PTs...	187
A etiqueta para amostras...	188

8 - Alguns itens contra incêndio............................... 189

Cabines para os EPIs...	189
Esguincho...	190
Mangueiras contra incêndio	191
Roupa térmica contra incêndio......................................	
Muro corta chamas...	193
Prancha para resgate...	194
Splinters (área fechada)	195
Bomba contra incêndio...	196
Líquido LGE..	197
Hidrante..	198
Canhões monitores: fixo e móvel...................................	199
Extintor..	199
Cone para sinalização..	201
Chave para engate rápido..	202
O medidor de explosividade...	202

9 - Eq que fazem interface entre navio e terminal............ 204

Ancora náutica..	204

Boca para acesso ao tanque.. 205
Boca para medição... 206
Bandeja do manifold... 207
Cabeço de bordo.. 208
Cabos para reboque.. 209
Cabos para amarração no navio... 210
Convés de bordo.. 211
Disco de plimsoll... 212
Embornais... 213
Escada de portaló... 214
Escada de quebra-peito.. 215
Guindaste de bordo... 216
Hélice de popa... 217
Bow thruster e Stern thruster... 218
Inclinômetro... 219
Manifold de bordo.. 221
Painel interno para medição.. 222
Passadiço.. 223
Régua para calado... 224
Retinida... 225
Sistema para gás inerte.. 226
Tabela para correção de volume (tanques de bordo)..... 227
Tabela para arqueação (tanques bordo)............................. 228
Válvula para alívio... 229
Válvula para o lastro... 230

10 - Outros equipamentos... 231
Pig para limpeza... 231
Pig instrumentado.. 232
Marreta de bronze e martelo de borracha......................... 232
A chave de impacto e chave regulável................................ 233
Manilha para içamento... 234
Cuba para termômetro... 235
Lanternas ou flash light... 236

Veículos de apoio.. 236
Equipamentos comuns... 237
Caminhão vácuo.. 238
Drones na faixa de dutos... 239
Maçarico para soldagem.. 240
Compressor de ar.. 240
Placas para sinalização... 241
Painel elétrico geral... 242
Boia do quadro de boias.. 243
Iluminação portátil... 244
Agradecimentos... 245

1- Considerações iniciais

Sabemos que o ser humano é a parte mais importante, quanto ao manuseio de forma eficiente com todas as ferramentas de trabalho; para que possa produzir um resultado satisfatório para os clientes.

Apesar da importância, e para não alongarmos na obra, não entraremos em detalhes sobre as diversas áreas de trabalho e suas ferramentas, escritórios, refinarias ou alguns equipamentos das áreas de apoio; que compõem os projetos iniciais dos terminais.

A obra tem semelhança com um dicionário; entretanto, não optamos por trazer os tópicos seguindo uma ordem alfabética, para facilitar o estudo e compreensão, quanto a correlação de assuntos.

Fica entendido que deveremos manter os certificados e as manutenções preventivas dessas ferramentas, dentro dos prazos de validade dos fabricantes. Fica entendido também que para utilização de todos os equipamentos, sistemas ou acessórios faz-se necessário o conhecimento e treinamento em suas respectivas normas e procedimentos operacionais.

Resolvemos apresentar dentre os sistemas, os mais importantes e alguns dos mais simples equipamentos, instrumentos ou acessórios; porque o fato da simplicidade não pode diminuir a importância e o cuidado.

Os equipamentos foram organizados por áreas, para facilitar o entendimento e o aprendizado. Entretanto diversos equipamentos são utilizados em várias áreas de uma empresa.

2 - Equipamentos

Equipamento é toda ferramenta utilizada para execução de alguma tarefa.

2.1 - Alguns equipamentos do terminal

Abordaremos aqui, os equipamentos que se situam com mais frequência na área de um terminal de graneis líquidos.

Mangotes no píer.

O mangote simples

O mangote ou mangueira, é utilizada para transporte de líquidos, pelas empresas e indústrias.

Mangotes em galpão.

A função principal é a interligação entre sistemas e reservatórios, para possibilitar as movimentações dos produtos através de bombeios ou por gravidade etc. Eles podem ser de diversos tipos, dependendo do tipo de produto.

Mangotes conectados na lateral do navio.

É importante que se mantenha um controle desses equipamentos quanto: manuseio correto, proteção externa, testes hidrostáticos para certificação etc.

Deve-se manter atenção, para execução de um trabalho acompanhado por profissionais, e controlado constantemente.

Equipamento de grande utilidade operacional, devido a flexibilidade e facilidade de manuseio.

Mangote submarino sendo içado pelo navio.

Mangote criogênico

É o mangote ou mangueira, com revestimento especial, utilizado para operações com produtos que apresentam temperaturas negativas muito baixas.

Extremidade metálica do mangote.

Geralmente este tipo de mangote é utilizado para operações com GLP e GNL, onde as temperaturas chegam até -160 graus célsius. São equipamentos de grande utilidade operacional, devido a flexibilidade e facilidade de manuseio. Servem para movimentação dos produtos, e interligação entre dutos e sistemas. Necessitam de um trabalho acompanhado e controlado.

O rádio VHF

O rádio VHF (Very High Frequency), é um equipamento utilizado para transmitir e receber as mensagens, necessárias para o trabalho operacional.

Imagem de um rádio na mão do operador.

É um dos equipamentos móveis mais importantes e muito utilizado pelas empresas, já que existe a possibilidade de seu uso em áreas operacionais e inflamáveis.

Para que esses equipamentos possam ser utilizados nas áreas operacionais que trabalham com produtos inflamáveis, faz-se necessário o certificado de "Intrinsically safety" ou intrinsicamente seguro. Nesta condição não existirá o risco de explosão quando estiver em uso. Cuidado quanto a autonomia da bateria é muito importante.

Estes rádios somente devem operar em faixas de frequência internacionalmente reconhecidas.

Antena VSAT

Equipamento transmissor e receptor, necessário ao sistema de comunicação.

Antena fixada no solo.

VSAT – Very Small Aperture Terminal. São equipamentos geralmente fixadas ao solo, de diâmetros variando de 80 centímetros a 2,5metros. São necessárias dentro do sistema VSAT, para que sejam possíveis as comunicações remotas. Utilizadas em automações de longas distancias, para acionamento de equipamentos elétricos.

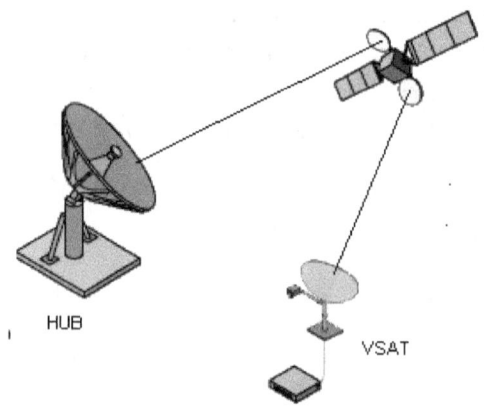

Sistema VSAT

O computador

Equipamento para informação e comunicação. O computador também está entre as principais ferramentas de trabalho, não somente na indústria como em milhares de trabalhos humanos.

Computador com monitor e teclado. **Monitor.**

É desnecessário informar a gigantesca utilidade desse equipamento na atualidade, pela sua capacidade de receber, transmitir e armazenar as informações; além da possibilidade de interagir com outras informações e trazer resultados de forma quase instantânea.

Equipamento que recebe, transmite, armazena e interage quanto as informações. De acordo com informações do fabricante e a necessidade do serviço. Existem os modelos de mesa e portáteis, para os diversos tipos de trabalho.

Por tudo isso, o computador é imprescindível nos trabalhos de terminais; quando são consolidados no escritório, os dados das variáveis obtidas em campo.

Balança industrial

É o equipamento que realiza a pesagem dos produtos, conforme procedimento específico.

Caminhão deslocando-se para a balança.　　　Caminhão na balança.

A balança industrial é necessária para quantificar o peso do produto e dessa forma, confirmar o volume transportado pelo caminhão. Hoje, as balanças são eletrônicas e com grande precisão realizam a quantificação do peso e volume de acordo com o tipo de produto imediatamente, e já emitindo o relatório da pesagem.

Resumidamente o procedimento consiste em colocar o veículo na balança, confirmar o Peso Bruto Total, subtrair a Tara do caminhão e apresentar o peso do produto. Ou seja, TARA+PESO DO PRODUTO=PESO BRUTO TOTAL.

A calculadora manual

Semelhante ao computador, a calculadora manual, principalmente a portátil, é um equipamento de grande ajuda operacional para cálculos; principalmente nos trabalhos realizados na área operacional ou mesmo na sala de operações.

Calculadora manual e calculadora de mesa.

Geralmente ela é conduzida no bolso e auxilia o empregado nas tarefas onde necessita o cálculo preciso para decisões imediatas: volumes, cubagens, tempo de bombeio, tempo de parada operacional etc.

Diversos modelos e tamanhos, encontrados no mercado. Cálculos simples e imediatos no dia a dia. É importante revisar sempre as operações dos cálculos realizados, para confirmar a resposta dentro da realidade operacional.

Tanques móveis para emergências

São pequenos tanques confeccionados para serviços de urgência ou emergência; de forma compatível com o devido local de trabalho e suas dificuldades de acesso.

Tanques móveis.

São de grande utilidade, principalmente quando acontece pequenos derrames ou vazamentos; devido sua facilidade para os deslocamentos por reboques, em áreas de difícil acesso, evitando o aumento das áreas atingidas.

São confeccionados de acordo com a necessidade de cada local, para evitar o aumento da área atingida pelo derramamento.

A esfera

A esfera é mais um vaso de pressão. Normalmente é utilizada para armazenamento de produtos líquidos e pressurizados; principalmente o GLP.

Esfera para armazenamento de GLP.

São de grande utilidade para o armazenamento dos gases inflamáveis, principalmente por distribuir as pressões de forma igualitária, em sua estrutura interna. Para a utilização da esfera faz-se necessário conhecer em maior detalhe esse equipamento, seus acessórios e o procedimento de trabalho.

Devemos ter diversos cuidados na operação de um produto armazenado na esfera, desde os gases mais leves aos mais pesados. O principal cuidado é manter o produto controlado quanto a pressão interna do produto, para evitar a abertura das válvulas de alívio para o sistema ou para a atmosfera.

Geralmente, existe um centro de controle operacional, que mantem as principais variáveis dentro de faixas pré-determinadas.

O cilindro pressurizado ou vaso de pressão

O cilindro pressurizado é mais um vaso de pressão na forma cilíndrica horizontal e com as características técnicas semelhantes a esfera.

Vasos atuais.

Quanto ao trabalho, tem utilidade semelhante as esferas. Também varia na capacidade, de acordo com as necessidades do cliente.

Fabricação menor custo, devido as fundações, equipamentos manutenções e controle; porém armazena menor quantidade.

Os vasos de pressão cilíndricos para produtos pressurizados, variam na capacidade, de acordo com as necessidades do cliente.

Útil para o armazenamento de gases e produtos pressurizados. Opera conforme procedimento operacional de cada processo ou empresa. O principal cuidado com o cilindro, é manter o produto controlado quanto a pressão interna.

Antigo vaso de pressão, ainda com rebites.

O tanque para armazenamento

É um vaso para armazenamento de diversos produtos líquidos não pressurizado.

Também faz parte dos principais equipamentos em um terminal ou empresa para armazenamento de produtos. Armazena diversos produtos, de acordo com as especificações técnicas do projeto.

É importante manter o tanque em boas condições e conforme as normas de segurança e legais.

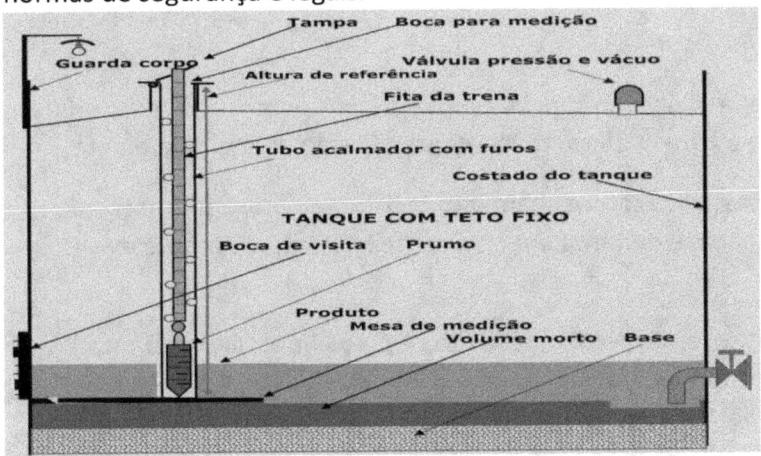

Existem diversos tipos de tanques para armazenamento: cilíndricos de teto fixo, cilíndricos de teto flutuante, cilíndricos de teto fixo convexo etc.

Os tanques são confeccionados em anéis que vão formando o costado; com as chapas de maior espessura na base e diminuindo a espessura, à medida que sobem os anéis.

A principal utilidade do tanque é armazenar e manter o produto dentro das características definidas em projeto. O tanque com teto fixo é recomendado para produtos na faixa de querosene e mais pesados.

Tanque com teto flutuante

É um tipo de tanque, fabricado com a possibilidade para que o teto flutue sobre o produto.

Tanque com teto flutuante arreado.   Foto: Blaspint   **Detalhe do teto flutuante com os suportes**.   Foto: Romão tecnologias

Também são utilizados para os produtos leves dentro das características do projeto e para evitar perdas e contaminação do meio ambiente.

Faz-se necessário acompanhamento constante para confirmação da estanqueidade, e evitar que o teto tenha inclinação, durante as operações.

Geralmente, quando em movimento de trabalho rotineiro, o teto flutua sobre o produto, acompanhando o nível. Sobre esses tetos existem muitos suportes do teto que geralmente ficam suspensos. Esses suportes são baixados quando existe a necessidade de manutenção na parte interna do tanque.

Tanque com teto esférico

É um tipo de tanque em que o teto é curvo possuindo uma forma de calota esférica.

Tanques com tetos esféricos.

É um tanque muito semelhante em função ao tanque de teto fixo, quanto a sua utilidade. São tanques que devem manter o produto dentro de suas características, e as condições de segurança definidas no projeto.

Tanque com selo flutuante

É um tanque dotado de um acessório flutuante ao redor do teto, realizando uma melhor vedação ou selagem periférica.

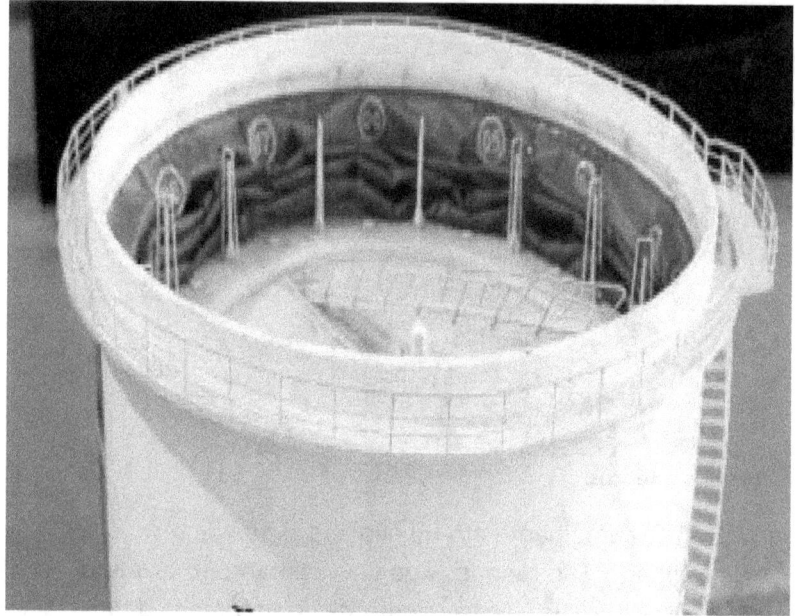

Tanque com selo flutuante arriado. Foto: IPT

Este acessório possibilita a menor perda por evaporação do produto. Evita também a emissão de gases nocivos ao meio ambiente.

São tanques que devem manter o produto dentro de suas características e nas condições de segurança definidas no projeto. São tanques muito utilizados para produtos leves como: nafta, gasolina etc.

Tanque para GLP refrigerado

São tanques com fabricação especial, para o armazenamento do GLP a baixas temperaturas.

Tanques para glp refrigerado.   Foto: Internet livre

O glp pode ser armazenado líquido, a uma temperatura de -48°C, através de sistemas de refrigeração, para facilitar o armazenamento de uma maior quantidade de gás.

Tem como desvantagem o alto consumo de energia e sistemas complexos de controle.

É uma tancagem que necessita acompanhamento e controle constantes, para manutenção das principais variáveis do processo.

Tanque para GNL

É um tanque construído para armazenar e manter o GNL – Gás Natural Liquefeito ou LGN – Liquid Natural Gas, na forma líquida.

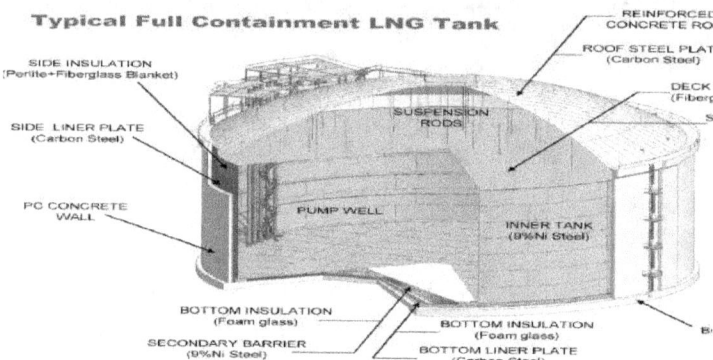

Desenho: Internet livre

Esses tanques podem ser encontrados abaixo ou acima do solo; mantendo o líquido sob uma temperatura muito baixa, através de um sistema de auto-refrigeração. Normalmente este gás é armazenado no subsolo sob pressão. É importante lembrar os cuidados, devido sua baixíssima temperatura, elevada taxa de expansividade e temperatura do líquido entre -165 e -155°C a pressão atmosférica, dependendo da composição.

Utiliza equipamentos criogênicos para transporte e armazenagem na forma líquida.

Alguns equipamentos e sistemas para controle, medição e segurança: Dutos, ERP's (Estações redutoras de pressão), ESDV's (Emergency shutdown valve) – válvulas de emergência, Cyty Gates etc.

É importante para o empregado que trabalha com esses combustíveis, que ele tenha conhecimento prévio sobre esses produtos e formas de manuseio; passado por pessoa capacitada, através da área de treinamento.

Guindaste

O guindaste é um equipamento para movimentação de cargas pesadas em curtas distâncias.

Guindaste içando carga. Guindaste de bordo içando um mangote submarino.

O guindaste é utilizado para apoio nas diversas manutenções em muitas áreas operacionais.

Nas operações com os guindastes, deve-se obedecer aos limites de trabalho, quanto ao peso máximo.

O gerador para emergências

É um equipamento que gera energia elétrica durante as emergências.

Gerador na área do píer.

Normalmente são máquinas que funcionam com óleo diesel, e entram em atividade automaticamente quando ocorre a falta da energia elétrica.

Dependendo da capacidade do gerador ele pode atender diversos locais e equipamentos críticos da área operacional. É importante que os empregados tenham noções de como manter operando um gerador durante uma emergência, conforme o procedimento operacional.

Gerador.

2.2 - Alguns equipamentos do sistema de dutos

Aqui, são mostrados alguns dos equipamentos do sistema de dutos, mais utilizados em terminais de granéis líquidos.

Curva T para solda em dutos

É uma secção tubular em forma de T, utilizada para derivação em noventa graus para tubulações e dutos.

Detalhe da secção já soldada na tubulação.

É um dos equipamentos que necessita do trabalho de um caldeireiro para a confecção; utilizando ações de corte e solda. É muito utilizado durante os reparos em manutenções, na área operacional. Após a soldagem são realizados testes hidrostáticos, líquido penetrante, ultrassom e outros testes necessários; para comprovação da normalidade da soldagem.

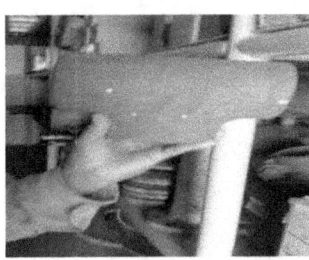

Operador segura uma secção em T.

O flange simples

Flanges simples, são equipamentos circulares abertos ou vazados.

Flange com oito parafusos. **Flange com quatro parafusos.**

Servem para unir dois sistemas de dutos, e são acoplados utilizando-se uma junta para acoplamento, através de parafusos.

O flange deve sempre ser utilizado com a junta de interligação adequada e de acordo com a classe de pressão correta. Faz-se necessário o teste de estanqueidade antes da utilização, no trabalho definitivo

O flange cego

Flanges cegos são equipamentos circulares fechados, que servem para interromper o fluxo nos dutos, e são acoplados através de parafusos.

 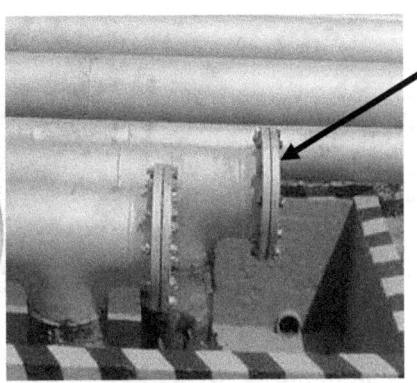

Flange cego.   Flange cego na área operacional.

O flange deve sempre ser utilizado com a junta de interligação adequada e de acordo com a classe de pressão correta. Faz-se necessário o teste de estanqueidade antes da utilização, no trabalho definitivo.

Uma das utilidades do flange cego, é manter o trecho de tubulação interrompido temporariamente de fluxo; e com a possibilidade de um futuro prolongamento dessa tubulação no sistema, caso necessário.

O flange de pescoço

Flanges de pescoço são equipamentos circulares vazados, com um prolongamento em uma das faces, e servem para interligar os dutos.

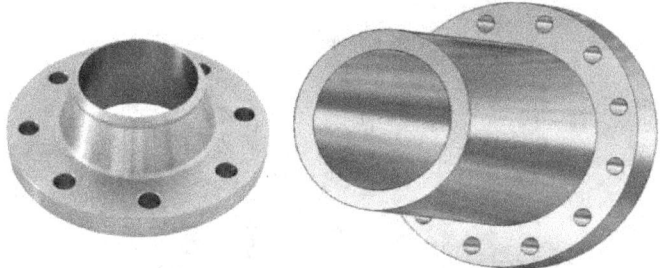

Flanges de pescoço, curto e longo.

Flanges são equipamentos circulares vazados ou fechados, que normalmente servem como interligação entre dutos, acoplados através de parafusos.

Uma das utilidades do flange de pescoço, é dar continuidade a tubulação dentro do sistema. Geralmente essa continuidade, é feita através da soldagem do flange (pescoço que já vem com um chanfro), com a nova tubulação.

A válvula esférica

É uma válvula em que seu bloqueador interno do fluxo, é uma esfera vazada, por onde o fluido passa quando está na posição totalmente aberta.

Válvulas esféricas.

É uma válvula muito utilizada na indústria de óleo e gás.

Um dos pontos importantes de uma válvula de esfera, é o fato da rapidez para o manuseio na abertura e fechamento; além da facilidade para manutenção, sem a necessidade muitas vezes, de retirar a válvula do sistema.

A válvula gaveta

São válvulas em que no seu corpo interno, existe uma sede plana (apelidado de gaveta), com a finalidade para o fechamento e abertura.

Válvula gaveta com etiqueta para identificação

Válvula gaveta motorizada.

É um dos diversos tipos de válvulas utilizados em um Terminal e nas indústrias em geral. São válvulas em que o manuseio na abertura e fechamento, é mais lento. São válvulas que normalmente não necessitam de manuseio constante.

Válvula no pé do braço mecânico.

A válvula motorizada

Válvulas motorizadas são válvulas com motor acoplado na parte externa, com mecanismo que possibilita sua abertura ou fechamento, por controle remoto ou manual.

Válvulas com dispositivos e motores.

Normalmente são válvulas maiores, de difícil manuseio, de difícil acesso, ou muito manuseadas diariamente. Essa condição facilita o trabalho operacional no processo.

Algumas vezes são chamadas de válvula MV (Motor Valve) ou, Válvula de controle remoto, que são normais no processo industrial.

Válvula para retenção

É uma válvula que tem como principal função, reter o fluxo em determinado sentido, direcionado pela portinhola interna.

Válvula para retenção, com detalhe da retenção interna.

A válvula de retenção é mais um tipo de válvula do sistema de operação de um Terminal.

Esta válvula é dotada de uma portinhola interna, que retém o fluxo em determinado sentido.

São válvulas geralmente utilizadas nas descargas de bombas, ou outros equipamentos, para evitar o retorno do produto.

A válvula globo

São válvulas empregadas em processos em que são necessários controles frequentes; com regulagem do líquido ou gás, nas graduações de vazões desejadas.

Válvula globo.

É um dos diversos tipos de válvulas utilizados em um Terminal. São válvulas de fácil acesso a manutenção, podendo ser acessado os componentes internos, sem a necessidade de retirada do local.

É uma válvula de manuseio mais rápido que a válvula gaveta. Pode ser utilizada em petróleo, gnl, glp, água etc. As válvulas globo, podem ser utilizadas para lidar com o fluxo em qualquer direção.

A válvula FCV (controladora)

É uma válvula que tem como principal função o controle do fluxo do produto.

Válvula controladora de vazão.

EMED Estação de Medição

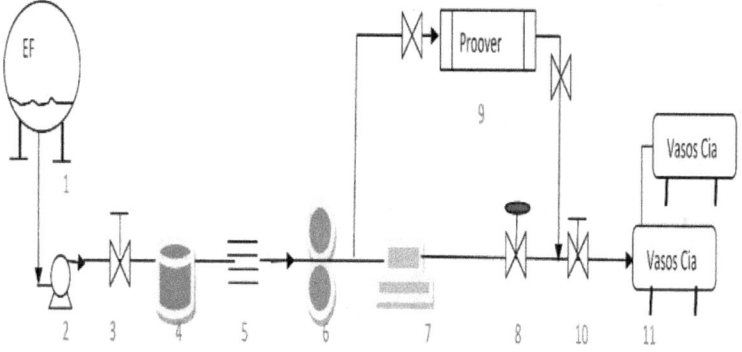

Fluxograma simplificado do Sistema EMED.

Também chamada de FCV – Flow Control Valve (válvula controladora de vazão): A válvula Nº8 do fluxograma da EMED.

São válvulas utilizadas para o gás. Esta válvula tem a função de controlar automaticamente a vazão operacional do fluxo, para que o processo ocorra de forma controlada na produção ou no sistema que recebe o gás.

A válvula PCV (controladora)

As PCV'S – Pressure Control Valve, (válvula controladora de pressão), são válvulas que realizam o controle da pressão nos sistemas que operam com gás.

Cyty Gate para GNL, onde são utilizadas válvulas controladoras.

São válvulas utilizadas geralmente para o trabalho com gás.
Esta válvula tem a função de controlar automaticamente a pressão operacional do fluxo, para que o processo ocorra de forma controlada na produção ou no sistema que recebe o gás. São válvulas muito encontradas em City Gates para GNL.

A válvula LCV (controladora)

São válvulas que realizam o controle do nível nos sistemas que operam com gás.

Válvula controladora do nível.

Normalmente chamadas de LCVs – Level Control Valve (válvula controladora do nível), são válvulas geralmente utilizadas para o gás. Esta válvula tem a função de controlar automaticamente o nível operacional nos reservatórios, para que o processo ocorra de forma controlada na produção ou no sistema que recebe o gás. São válvulas também muito encontradas em City Gates para GNL.

A válvula HCV

A válvula HCV é uma válvula com tríplice acionamento.

Esfera GLP e seta mostrando na base, o posicionamento da HCV.

Esta válvula pode ser acionada remotamente, manualmente e executa o fechamento através da fusão de um elo fusível que prende a alavanca da válvula; interrompendo a saída para do produto.

Estes acionamentos são de grande utilidade, caso haja emergências, principalmente nas ocorrências com fogo.

Detalhe do manuseio e movimentação da HCV

A haste de manuseio da válvula HCV fica retida por simples corrente, na calota inferior da esfera (na posição aberta). Nessa corrente temos um elo fusível para ser desacoplado (fundido), caso haja temperatura constante na base ou na chapa da base.

Dessa forma, em caso de emergência com fogo, após a fusão, a corrente é partida e a haste naturalmente deixa livre a portinhola interna da válvula, que fecha, devido a ação da gravidade do GLP no interior da esfera. Dessa forma o GLP ficará contido no interior da esfera.

Válvula automática para bloqueio

As ESDV-Emergency Shutdown Valve ou SDV - Shutdown Valve, são válvulas para grandes diâmetros, com a função de bloqueio automático de urgência ou emergência.

Linha tronco do gasoduto Nordestão e indicação da válvula de bloqueio.

Estas válvulas estão dispostas em locais definidos, em toda linha tronco de um gasoduto ou oleoduto. No GASBOL- Gasoduto Brasil-Bolívia (TBG), existem 116 válvulas desse tipo percorrendo os 3.150km.

Válvula para alívio

É uma válvula dotada de um dispositivo interno, que controla a pressão ou temperatura máximas, e é projetada para abrir e desviar o produto para outro local com menor pressão, aliviando dessa forma esse trecho do sistema.

Válvula de alívio com etiqueta de calibração.

As válvulas para alívio das pressões são muito utilizadas em toda a indústria e extremamente útil, para evitar pressões elevadas nos sistemas, que possam se transformar em acidentes como: vazamentos, rompimentos de juntas etc.

Válvula de alívio em sistema de combate a incêndio.

A raquete

É um equipamento confeccionado em chapa de aço em variadas espessuras e muito semelhante a uma raquete de tênis.

Aqui, entre os flanges, vemos o que poderia ser o cabo da raquete (seta).

Esta parte visível do cabo, sinaliza ao operador do sistema, a condição de que o fluxo está interrompido naquele local. Geralmente, o trabalho é feito, bloqueando o fluxo no duto em uma direção. Às vezes é necessário ficar nesta condição por mais tempo.

O manômetro

É um instrumento de medição projetado para medir e indicar a pressão no interior do duto ou sistema.

Manômetro.

É importante que o operador em visita a área operacional ou as instalações de equipamentos da empresa ou fábrica, tenha em mente uma noção sobre os limites das pressões normais de trabalho em seu sistema ou processo; para que possa realizar uma confirmação aproximada com os manômetros instalados.
É importante também, utilizar os equipamentos dentro das calibrações atualizadas.

Manômetro no sistema de bombas.

A figura oito

É uma figura cortada em chapa de aço, com uma das partes do "oito" aberta, para facilitar a identificação na área quando em uso temporário.

Duas figuras oito com parte fechada externa e aberta internamente.

Figura oito na mão do empregado fechada internamente).   Figura oito na válvula (aberta externa e

Nas imagens são mostradas as formas de utilização desta peça.

Geralmente são utilizadas em dutos que trabalham intercalando o fluxo em determinada direção. Este equipamento permite a visualização à distância, sobre a condição do fluxo, no interior do duto.

É importante lembrar, que esta figura é geralmente usada para indicar uma condição temporária do fluxo na tubulação; podendo a qualquer momento ser invertida ou retirada, dependendo da necessidade.

A utilização desse equipamento, deve ser amplamente divulgado aos responsáveis pelo trabalho, na respectiva área operacional.

O vent

São trechos de tubos curtos, com válvulas; localizados na geratriz superior dos dutos.

Três vents com respectivos caps.   Vent sem o cap.

Servem geralmente para retirar gases que venham a existir no interior dos dutos. Sempre que os vensts não estiverem sendo usados durante a operação da linha, normalmente devem estar fechados e com o cap (tampa).

Cap, plug e bujão

São acessórios para o fechamento de trechos de tubulação, geralmente de pequeno diâmetro.

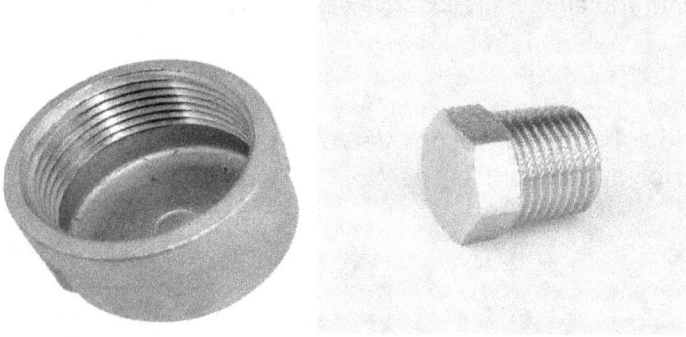

Cap (tampa)   Plug

Esses acessórios geralmente são utilizados em drenos e vents e devem estar posicionados nestes locais, sempre que o duto estiver operando, para evitar vazamentos.

São dotados de roscas para bloqueio dos produtos, e devem ser inspecionados rotineiramente. Alguns caps podem ser soldados, quando existe a necessidade de inutilizar algum dreno ou vent.

Bujão (tampão)

O dreno

Dreno é um acessório do tubo, geralmente localizado na geratriz inferior dos dutos, e na base de diversos equipamentos.

Dreno na válvula e dreno no carretel.

A função básica do dreno é retirar impurezas ou líquidos, contidas na base dos equipamentos: tanques, tubulações, válvulas etc.

As drenagens devem ser realizadas sempre com o acompanhamento constante, do empregado treinado e responsável.

Dreno curvado no carretel.

O looping

As curvas construídas em uma tubovia, geralmente em forma de S ou U, chamam-se looping (palavra inglesa para laço).

Looping na tubovia do píer.

Essas curvaturas ou loopings existentes nos dutos longos, são projetados e dimensionados nos cálculos iniciais da construção.

Geralmente servem para facilitar o trabalho diário durante a dilatação e contração térmica apresentada pelas tubulações, evitando o rompimento, vazamentos e acidentes nas áreas operacionais.

Loopings na plataforma do píer.

Pipe rack

É uma estrutura de concreto armado, para sustentação de tubulações industriais, na posição horizontal.

Tubulações sobre o pipe rack.

Em sistemas onde existe grande quantidade de tubos, são criados diversos níveis semelhantes a uma prateleira de tubos. Em algumas situações, os pipe racks podem conduzir eletrodutos.

Geralmente são construídos em locais onde existe dificuldade para passagem da tubulação no piso ou necessidade de vários dutos no mesmo percurso.

A tubovia

A tubovia é uma via ou um caminho para passagem de diversas tubulações.

Tubovias no píer.

A tubovia também chamada de pipe way ou caminho para tubos ou dutos. Geralmente construídas em dormentes de concreto no solo.

As tubulações são apoiadas nesses dormentes, onde existe uma chapa de sacrifício entre o dormente e a tubulação, para sofrer os desgastes do atrito, ocasionado pelos movimentos de dilatação e contração térmica diária.

O carretel

O carretel é um equipamento mecânico de mesmo diâmetro e centro do tubo, e que tem a função de unir a tubulação, para uma finalidade específica.

Carretel conectado na tubulação.

Os carreteis também são muito utilizados em terminais e na área industrial, com a função de alongar trechos de tubulações, substituir trechos em que se retirou alguma válvula.
Pode-se também utilizar carretéis com drenos em alguma alteração de projeto etc.

É importante observar que em tubulações industriais, esses equipamentos devem ter as mesmas características dos demais equipamentos do sistema em que ele for inserido.

Carretel com dreno.

Junta para expansão

É um equipamento que tem como principal função a absorção de movimentos prejudiciais na tubulação.

Junta de expansão.

As juntas de expansão, como o nome já diz, proporcionam a expansão das linhas ocasionado pelo trabalho mecânico constante, devido a diversos motivos como, pequenas acomodações de solo, expansão ou contração térmica ambiental do material, vibrações mecânicas etc.

Junta de expansão.

A redução

A redução é um equipamento semelhante ao carretel, concêntrica, que tem a função de unir e reduzir ou aumentar o diâmetro em uma tubulação.

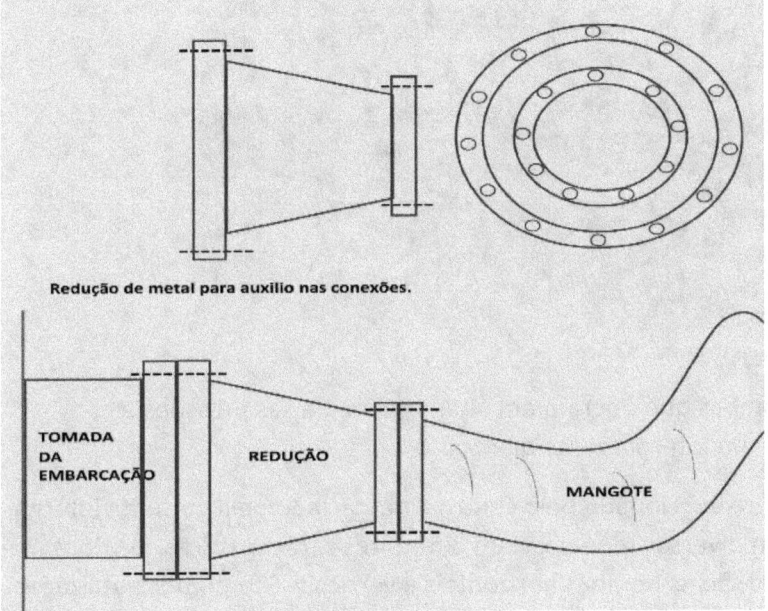

Redução de metal para auxílio nas conexões.

Detalhe da redução conectada na tubulação de bordo.

As reduções são conexões de metal, que algumas vezes ligam os mangotes, braços mecânicos ou tubulações diversas, às tomadas das embarcações. Servem para possibilitar as diversas operações nos Terminais.

Bomba centrifuga

São equipamentos utilizados para o deslocamento dos produtos líquidos, dotada por um rotor com hélice ou pás.

Bombas centrífugas na área.

São bombas que operam em altas vazões, baixas pressões e não recirculam internamente o produto.

O fluido é succionado pelo centro e descartado pela periferia interna. Existem diversos modelos com diferentes características. Os tipos mais comuns são as bombas horizontais e verticais. São bombas utilizadas geralmente para os derivados claros do petróleo e álcool.

Bomba alternativa

São equipamentos utilizados para o deslocamento dos produtos líquidos com maior viscosidade.

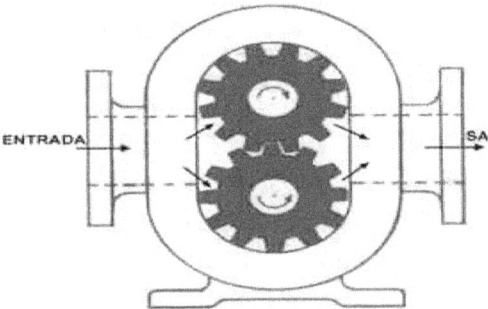

Um modelo de bomba alternativa. **Foto: Elifan bombas**

Também chamadas de bombas de deslocamento positivo. Existem diversos modelos com diferentes: engrenagem, fuso, pistão ou êmbolo, diafragma etc.

Geralmente muito utilizadas para produtos com viscosidade elevada, como os petróleos e os produtos escuros derivados do petróleo. São bombas que operam em baixas vazões, altas pressões e não recirculam internamente o produto.

O cuidado mais importante é o controle da pressão de descarga da bomba, para evitar rompimento de juntas ou tubulações. Observar os cuidados informados no procedimento operacional.

2.3 Alguns equipamentos para proteção individual- EPIs

Neste item, abordaremos alguns dos principais equipamentos para proteção individual, utilizados em um terminal de derivados de petróleo.

Como parte de diversos equipamentos de proteção individuais (EPI's), temos o capacete, botas, óculos, farda, protetor auricular etc.

Todo o trabalho na área operacional, deve ser realizado com os empregados usando os EPI's corretos.

Óculos para proteção

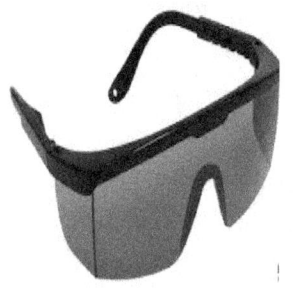

Utensílio para proteção dos olhos.

Óculos escuro.   **Empregado utilizando óculos.**

Os óculos são muito importantes na área operacional, principalmente em áreas de grande luminosidade. Evitam poeiras, partículas, respingos de produtos etc., que possam atingir os olhos durante o trabalho.

Existem diversos modelos. Podem ser escuros ou transparentes, dependendo de cada necessidade operacional.

Capacete para proteção

Utensílio para proteção da cabeça.

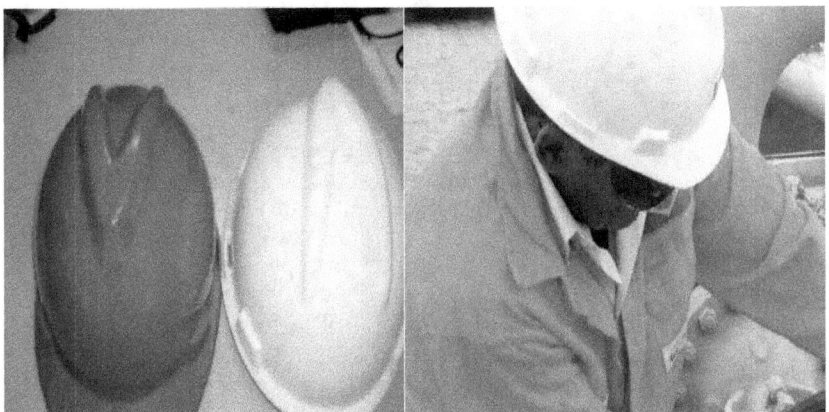

Capacete.	Empregado com capacete.

O capacete é um equipamento de necessidade obrigatória onde existe o risco de queda de materiais. Nos trabalhos em altura deve ser usado com a cinta jugular.

O capacete reduz o impacto de materiais contra a cabeça, e evita ou diminui possíveis ferimentos. Os capacetes normalmente são confeccionados em polietileno de alta densidade. Existem capacetes próprios para áreas com atividades energizadas. Alguns capacetes já seguem com o protetor auricular fixado em sua lateral.

Em algumas empresas, as cores dos capacetes definem áreas de trabalho e hierarquias operacionais.

As luvas

Utensílio para proteção das mãos.

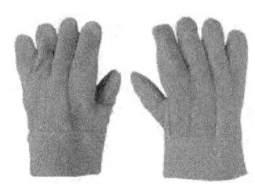 

Luvas de vaqueta.   **Empregado utilizando luvas.**

Luvas fazem parte dos EPI's- Equipamento para proteção individual.

A luva de vaqueta (couro bovino), é muito utilizado nas atividades operacionais, por ser muito resistente e um bom isolante térmico. Atualmente a luva de material sintético é mais utilizada.

As luvas são muito utilizadas pela área de manutenção, que necessita manusear com muitas ferramentas de metal. É muito utilizada também por operadores industriais; principalmente para abertura e fechamento de manual de válvulas.

Protetor auricular

Utensílio para proteção contra ruídos prejudiciais à saúde.

Modelos de protetores.

Os plugs para ouvidos ou protetores auriculares, também são muito utilizados na área industrial. Eles podem apresentar-se isolados, ou já fixados no capacete do empregado.

Máscara contra gases

Utensílio para proteção contra gases tóxicos.

Existem os procedimentos corretos, para utilização das máscaras para cada tipo de ação ou produto. Alguns cuidados quanto a utilização da máscara, são muito importantes e algumas vezes vitais como: Ajuste correto na face, condição da barba e do filtro etc. Além da necessidade de conhecer o tipo de filtro e sua autonomia.

As Botas

Utensílio para proteção dos pés.

As botas são obrigatórias durante o trabalho na área industrial. Normalmente usam-se botas com bico revestido com aço, como proteção extra para os dedos; para o trabalho em áreas, on são movimentados materiais pesados.

O Fardamento
Utensílio para proteção do corpo e identificação dos empregados.

O fardamento, além de proteção para o corpo, também é obrigatório utilizado ação em algumas áreas operacionais. Para algumas áreas de trabalho, de acordo com os produtos, são importantes os tipos de tecidos utilizados, e a devida identificação do empregado no fardamento.

Capa para proteção
Utensílio para proteção do corpo contra a chuva.

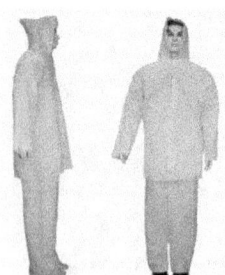

Normalmente são utilizadas as capas contra chuva, para o trabalho externo durante o tempo chuvoso. Não é aconselhável a utilização de guarda-chuva na área operacional, para evitar acidentes com os ventos fortes.

Aparelho para respiração autônoma

É um conjunto de equipamentos com máscara e ar comprimido, utilizados para acesso a locais com o ar muito poluído, possibilitando uma respiração normal.

Empregado com equipamento para respiração autônoma. Foto: Internet livre

Este equipamento possibilita a realização de um serviço indispensável ou até os primeiros socorros em casos de emergência.

É indispensável para esta tarefa, que o empregado esteja preparado e tenha treinamento antecipado, quanto a utilização deste equipamento.

Cinto trava quedas

É um equipamento para proteção individual, utilizado para o trabalho em áreas elevadas.

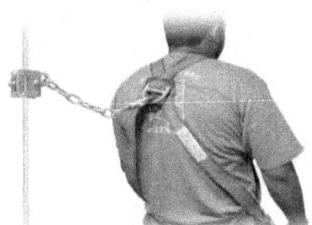 

Empregado com cinto.   Cinto trava quedas.

Este acessório, é semelhante a um cinturão que envolve o tronco do empregado, ligado a um cabo fixo. A finalidade é proteger o empregado para eventuais acidentes e para que não ocorra nenhuma queda; devido a fixação do cinto.

2.4 - Alguns equipamentos do píer

O píer é o local utilizado para a atracação e desatracação das embarcações e existe neste local, diversos equipamentos e instrumentos necessários para os controles e rotinas operacionais.

Cabos para amarração em terra

As cordas ou correntes que servem para a amarração das embarcações, são chamados "cabos para amarração".

Cabos para amarração de navios. Cabos na plataforma do píer, amarrando o navio.

Durante o período da estadia do navio no porto, os cabos são constantemente movimentados, para tesá-los (tensioná-los) ou solecá-los (afrouxá-los); conforme o movimento das marés. Existem diversos materiais para os cabos de amarração: nylon, fibra vegetal, correntes, aço etc.

Faz-se necessário o conhecimento e treinamento por parte dos amarradores em terra, sobre as formas de amarração e cuidados em terra.

Durante as amarrações dos navios deve-se evitar cabos com materiais e bitolas diferentes, para evitar risco de quebra dos cabos menos resistentes.

Braço para carga ou descarga

São equipamentos mecânicos, geralmente posicionados no píer ou Cais; movimentados por sistema hidráulico para realizar as operações de carga ou descarga.

Braços mecânicos.

Os braços, servem para unir as tomadas das embarcações com as tomadas do Terminal no píer ou no cais, e possibilitar as operações. Geralmente os manuseios podem ser executados remotamente ou de forma manual.

Alguns cuidados quanto aos braços, devem ser observados, durante as conexões e durante as operações, devido aos constantes balanços do navio provocado pelas ondas da maré.

Alguns braços são dotados de um dispositivo para o desengate durante as emergências.

É de fundamental importância seguir as diretrizes escritas nos procedimentos para a operação desses equipamentos.

O cabeço em terra

Geralmente é uma base de ferro, ou madeira; fixado na borda do píer ou cais, para amarração da embarcação naquele local.

O cabeço livre no cais. Cabeço na borda do cais e com amarras do navio.

O cabeço, serve para colocação dos cabos para amarração de uma embarcação (navio) no cais. Ao lado vemos algumas defesas.

Cabeço sem cabos. Defensas ao lado. Cabeço com navio amarrado.

Os amarradores, recebem treinamento para executar o correto posicionamento dos diversos cabos nos cabeços, cabos espringues, cabos traveses, lançantes de popa, lançantes de proa etc.).

Gato para escape

O gato de escape ou manilha como é chamado, é um equipamento semelhante em função, a um cabeço. É utilizado para amarração de embarcações e que pode ser utilizado para soltar a amarra com rapidez.

Navio amarrado ao gato escape no píer (ver seta). Gato escape com amarras.

É um equipamento fixado em alguns píeres com a extremidade em forma dobrada, semelhante a um anzol, onde os cabos da embarcação são fixados e podem ser soltos imediatamente, em caso de necessidade urgente; por um operador no píer.

Normalmente estes gatos de escape existem nos rebocadores, quando movimentam os navios durante as manobras. Estes equipamentos, atuam através de alavancas ou mecanismos remotos.

A defensa portátil

São equipamentos infláveis, que evitam o contato direto do metal entre embarcações, evitando o atrito e absorvendo o impacto.

Defensa móvel para transbordos. defensa portátil entre costados.   Navio em operação de transbordo, utilizando

São equipamentos que são mantidos próximos aos terminais. Durante as operações de transbordos são transportadas e fixadas no costado de uma das embarcações para possibilitar a realização do transbordo.

A defensa fixa

São equipamentos que estão fixados no costado do píer e servem para o contato entre o navio e o píer, evitando o contato direto do navio com o cimento, absorvendo o impacto.

Defensa com placas e com carretel de borracha. Defensas em manutenção.

A defensa é o equipamento instalado no costado do Píer ou Cais, destinado a evitar que a embarcação se choque diretamente com a estrutura de cimento, evitando a colisão, atrito e danos as instalações do píer.

Técnicos instalando defensas.   Defensa com pneus, pequenas embarcações.

Podem ser construídas com borrachões ou resinas, acoplados a uma plataforma. Construída com pneus para embarcações menores etc. Devem estar em constante observação, pelo Operador do píer, durante as operações com navios.

Boia para sinalização

São boias utilizadas com a finalidade de indicar alguns pontos estratégicos e importantes, para auxílio quanto a movimentação das embarcações.

Boia para sinalização (sem iluminação). Ao fundo, o molhe de contenção.

As boias para sinalização são pintadas em cores que facilitam a visibilidade a grandes distancias, e muitas são dotadas de iluminação com baterias.

Barreira para contenção

Equipamento geralmente colocado ao redor de algumas embarcações no píer ou cais, que operam com derivados de petróleo, com a finalidade de conter possíveis derrames.

Barreira no mar e detalhe no píer.   Fotos: Damião Francisco

Existem barreiras do tipo seafense e airfense. Normalmente para as áreas de mares ou rios podemos usar as barreiras seafense para a contenção inicial e posterior retirada do óleo derramado.

Geralmente são posicionadas com o auxílio de uma embarcação e apoio de um técnico de segurança. O tipo airfense, são insufladas por sopradores de alta vazão que se posicionam na embarcação de apoio.

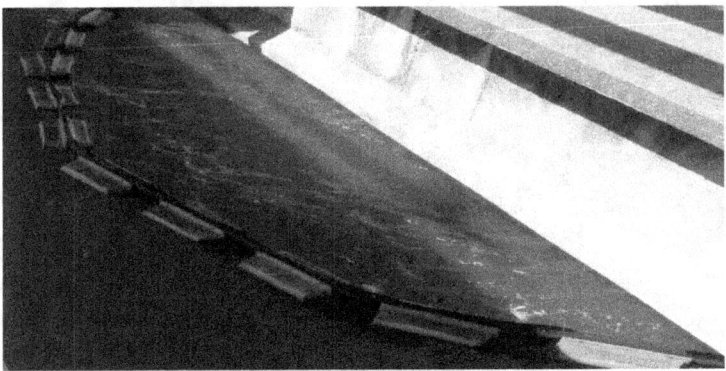

Mantas absorventes

São mantas utilizadas para absorver produtos derramados em meio aquoso, com posterior recolhimento e destinação adequada.

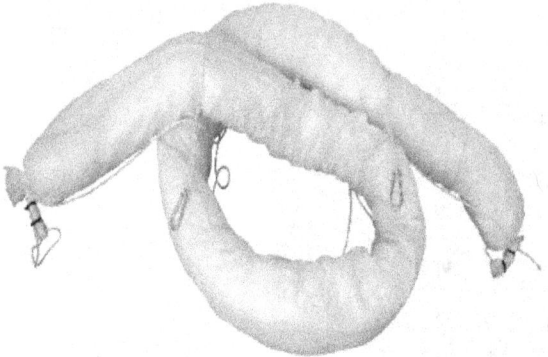

Macarrão absorvente.

Para os trabalhos que movimentam líquidos poluentes, próximos a rios, lagos, mares ou locais semelhantes, é importante e útil a estocagem de mantas ou macarrões absorventes; e treinamento para utilização desses materiais em qualquer emergência necessária.

Mantas absorvente.

O chuveiro para emergências

Equipamento utilizado com finalidade para uma lavagem rápida do produto tóxico, até a chegada do socorro definitivo.

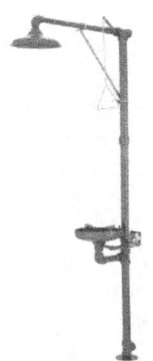 

Chuveiro.   Chuveiro na área do píer, próximo ao navio (ver seta).

Normalmente é dotado de lava-olhos, com válvula de abertura e fechamento rápido. Localiza-se em áreas abertas e desimpedidas nas indústrias, para que haja fácil e rápido acesso.

Boia e colete salva vidas

São equipamentos salva-vidas para uso individual.

 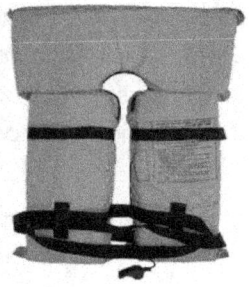

Boia no mar. Mestre conduzindo lancha (boia próxima). Colete salva-vidas.

Nas áreas do píer e nas embarcações são obrigatórios a presença desses equipamentos. Quanto ao colete, deve ser utilizado durante os deslocamentos, nos conveses das embarcações.

A lancha para apoio

É uma embarcação utilizada para auxiliar o serviço da praticagem, durante as manobras ou alguma necessidade urgente ou de emergência.

Lancha de apoio em manobra de atracação do navio.

A lancha é muito importante durante as manobras de atracação e desatracação, por ser um transporte pequeno, rápido e de boa manobrabilidade.

Dentre os principais serviços, está o transporte do Prático, durante o embarque na chegada do navio e desembarque do Prático na área de fundeio, após a manobra de desatracação. Realiza apoio também quanto ao transporte dos primeiros cabos para a amarração do navio.

Rebocador

É uma embarcação, projetada para puxar ou empurrar os navios, durante as operações de atracação ou desatracação.

Rebocadores no píer.

É uma embarcação com motor muito potente, de grande capacidade para manobras, utilizadas pelos práticos para auxílio nos serviços de atracação e desatracação. Existem os rebocadores de pequeno porte para os terminais, e de grande porte utilizados em alto mar.

Rebocador movimentando um navio de glp.

Os rebocadores também podem prestar serviços de socorro aos navios em alguma manutenção ou necessidade urgente. Alguns navios dotados de hélices laterais (bow truster), podem dispensar os serviços de rebocadores em suas manobras.

2.5 - Alguns equipamentos para a medição e amostragem

A etapa da medição e amostragem dos produtos, é uma das principais fainas operacionais em que se corre o risco de obter grandes diferenças com relação as quantidades movimentadas, quando realiza-se a medição errada do produto.

Diversos equipamentos são utilizados para que se obtenha uma boa medição; desde as ferramentas para a medição direta, como as medições indiretas através da amostra e análise dos produtos em laboratório ou escritório. Consequentemente, a obtenção de grandes perdas ou ganhos indevidos com o cliente podem ocorrer, caso o equipamento ou o procedimento de medição estejam errados ou inadequados.

Saca amostra comum

É uma garrafa ou frasco com argola para corda, utilizada para retirar amostras nos tanques de armazenamento em terminais.
A amostragem de tanques é um serviço rotineiro nos terminais de combustíveis ou outros produtos líquidos.

Saca amostra de latão.

O saca amostra comum é o mais simples, e muito utilizado para a retirada da amostra dos produtos na tancagem, conforme procedimento. O material da sua confecção é o latão ou inox, por ser um metal que não produz fagulha caso haja impacto com o tanque e seus acessórios de metal.

Saca amostra para nível

É uma garrafa ou frasco com argola para corda, e cordão com rolha, utilizada para retirar amostras em determinada camada do produto nos tanques.

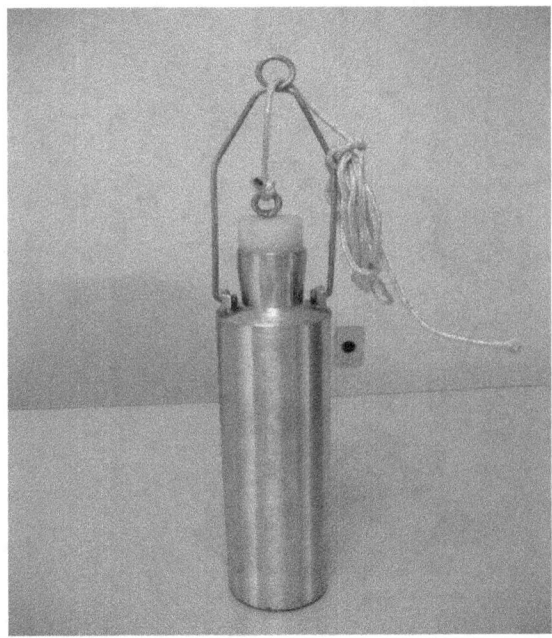

Saca amostra comum.

O saca amostra para nível é utilizado quando é necessária a retirada da amostra em determinada faixa de nível do produto na tancagem. A garrafa desce fechada até o nível desejado, quando é aberta a rolha para recolhimento da amostra do nível.

O material para sua confecção também é o latão ou inox, por ser um metal que não produz fagulha caso haja impacto com o tanque e seus acessórios. Existe o procedimento para uso desse equipamento.

Saca amostra para garrafas

É uma grade de metal, com argola para corda, adaptada para posicionar uma garrafa; utilizado para retirar amostras, diretamente na garrafa, nos tanques de armazenamento.

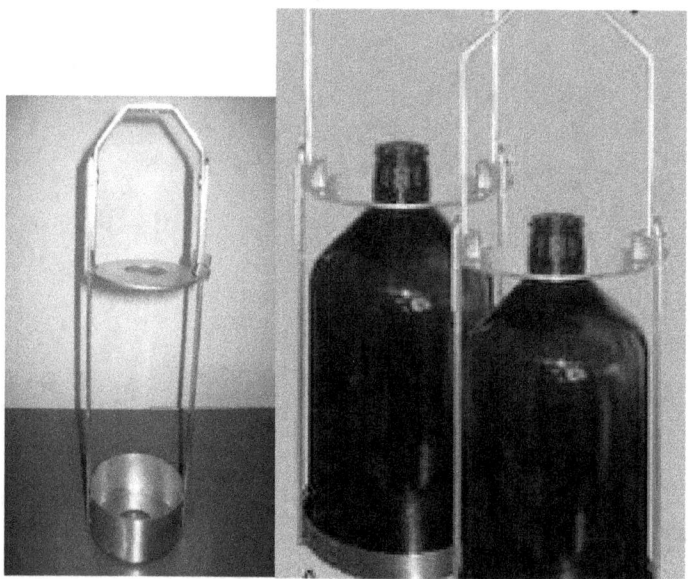

Grade, e Saca amostra com garrafas.

Geralmente a grade é fabricada em latão ou inox. É utilizado para evitar qualquer contato do produto com a garrafa do saca amostra normalmente utilizado.

O procedimento para a amostragem é o mesmo utilizado para o saca amostra comum.

Garrafas para amostras

São recipientes confeccionados em vidro ou plástico, para depositar as amostras dos produtos.

Garrafa plástica.

Detalhe garrafa de vidro com etiqueta.

Normalmente as amostras para testemunho ou amostra oficial, que necessitam de maior tempo guardadas em depósito, são colhidas em recipientes de vidro escuro, para minimizar os efeitos da luz, ou vidros transparentes para observação de impurezas.

Para as amostras retiradas de hidrocarbonetos líquidos, não devem ser colhidas em frascos plástico (convencional), para evitar contaminação e rompimento do frasco devido a temperatura e dilatação; causando acidente. Faz-se necessário conhecer o procedimento para retirar e acondicionar as amostras para análises imediatas e guarda.

Garrafas com amostras, guardadas em depósito.

Trena para medição com prumo

É um equipamento utilizado para medição manual, do nível dos produtos, utilizando um prumo milimétrico ao final da fita.

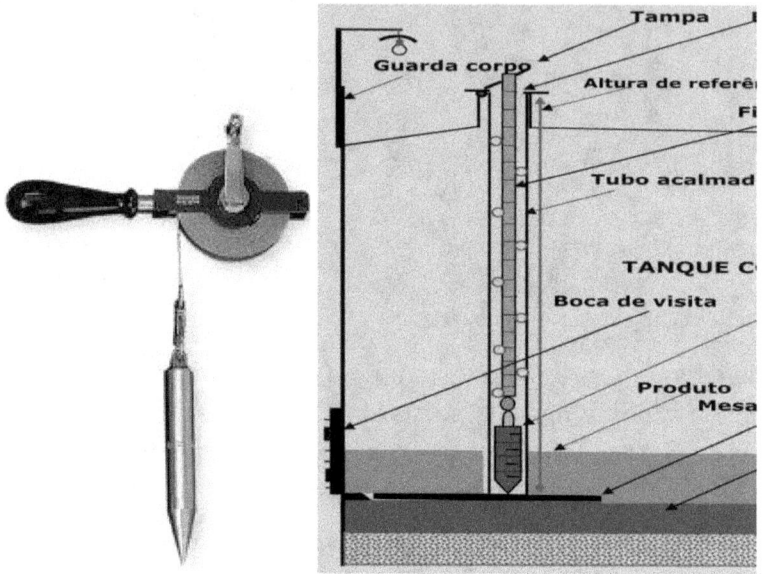

A medição com trena é realizada pelo Operador, diretamente na boca de medição do tanque.

Atenção especial para o prumo. Como é fabricado em bronze para evitar fagulhas no atrito, aponta do prumo normalmente sofre desgaste maior, devido contatos frequentes com a mesa de medição e algumas vezes a falta de cuidado durante a guarda.

Esse desgaste, quando alcança alguns milímetros pode levar a uma medição errada, causando prejuízo financeiro a uma das partes. É importante ter cuidado durante o manuseio com a lâmina de aço da trena, quanto a corte nas mãos. Todos os equipamentos oficiais para as medições, devem ter o Certificado de aferição expedido pelo órgão oficial de medição.

Régua T para medição indireta

São réguas milimetradas em formato de T, semelhante a uma espada, com cabo para manuseio.

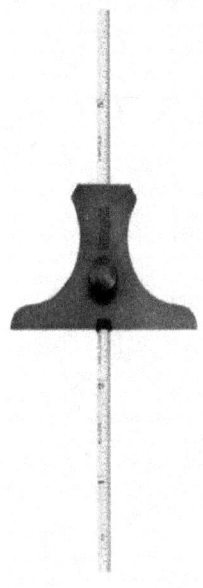

Esse tipo de instrumento é utilizado para realizar a medição indireta dos produtos.

Geralmente, esta medição é feita na boca de medição de caminhões-tanque ou de vagões-tanque. São confeccionadas normalmente de alumínio.

Pasta para medição

É um composto chamado "pasta para medição", utilizado para auxiliar na medição manual dos produtos derivados do petróleo.

Recipiente com a pasta.

Normalmente durante o preparo para a medição na tancagem, são utilizados compostos em forma de creme ou pastoso. Esta pasta é levemente passada na trena, para que possa sinalizar, após a imersão no produto; a altura do nível que se encontra o produto na tancagem.

Existe a pasta para os diversos derivados, e existe uma pasta específica, para a medição do nível da água contida com o produto, no tanque.

Cilindro para amostras de GLP

É um cilindro especialmente confeccionado em aço inox, para colher amostras do glp na área operacional ou em navios.

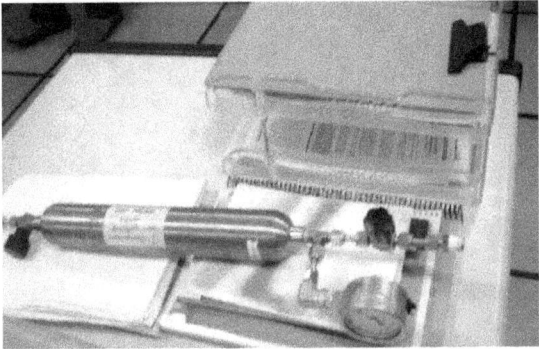

Cilindro com manômetro, sobre a mesa.

Amostras de glp não devem ser guardadas. São amostras que devem sem encaminhadas ao laboratório logo que colhidas para as devidas análises, e liberar o cilindro; mantendo suas válvulas abertas durante a guarda.

O cilindro para amostras de glp não deve ficar exposto ao sol ou temperaturas, para evitar vazamentos ou explosões.

Este recipiente é dotado de duas válvulas em suas extremidades, uma para admissão e outra para a descarga do glp; e algumas vezes acompanha um manômetro para acompanhamento e controle da pressão.

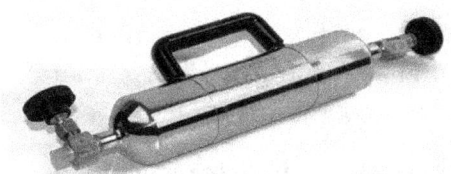

Cilindro para coleta de amostra GLP.

Trena para medição com a barra

É um equipamento utilizado para medição manual do nível dos produtos, utilizando uma barra milimétrica ao final da fita.

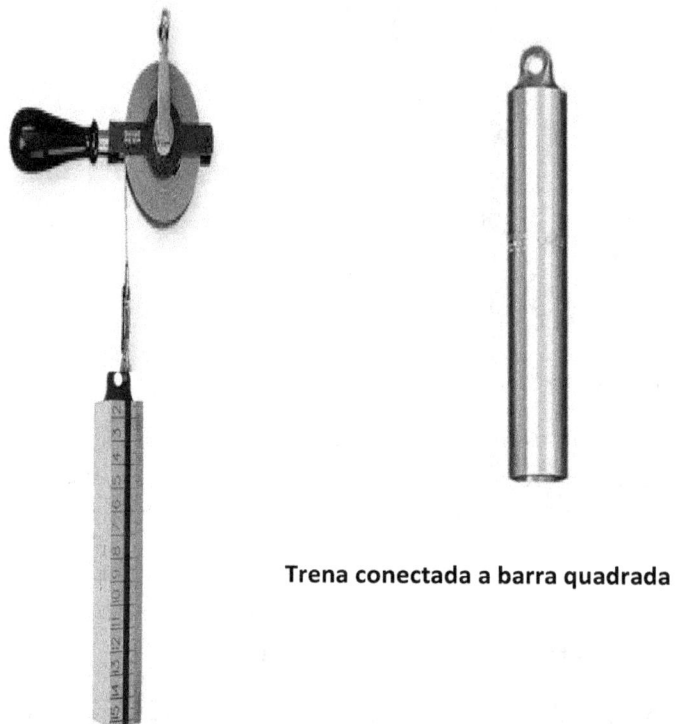

Trena conectada a barra quadrada

A barra para medição em tanques não é muito utilizada no dia a dia. Ela normalmente é utilizada, quando o nível do produto no tanque, está posicionado entre a fita e o prumo; deixando dúvidas sobre o nível correto.

A barra também é fabricada em bronze, semelhante ao prumo e apresenta-se milimétrica, com comprimento entre 15 e 20 centímetros. A barra também deve ser certificada por órgão oficial de medição.

A lâmina da trena merece os mesmos cuidados durante o manuseio, para evitar acidentes (cortes).

Indicador de nível para o tanque

Equipamento utilizado para a medição direta, do nível dos produtos nos tanques de armazenamento.

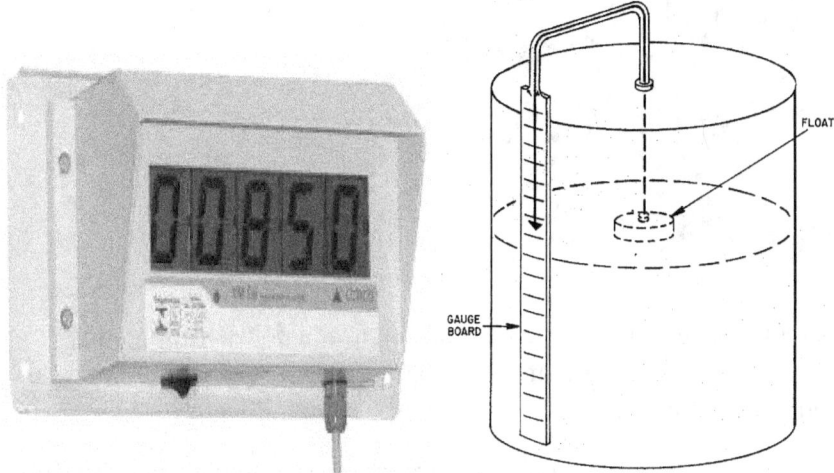

Indicador eletrônico.   Indicador mecânico.

O indicador do nível do tanque pode ser mecânico ou eletrônico. O indicador mecânico, é basicamente dotado de uma boia e uma régua no costado do tanque, que indica o nível do produto no interior do tanque.

Geralmente, serve para medições não oficiais e de acompanhamento. O indicador eletrônico pode indicar o nível através de painel indicador no costado do tanque, ou enviar o sinal para a sala de operações e indicar o nível no painel de controle.

A caderneta para anotação

Algumas vezes chamada de caderneta para medição é utilizada, para diversas anotações importantes na área operacional.

Caderneta.

Atualmente a caderneta ainda é muito utilizada pelos empregados, na área operacional. Geralmente é uma caderneta pequena que pode ser conduzida no bolso.

A facilidade do acesso, a anotação rápida, o rascunho de uma ideia, um lembrete, o registro de um cálculo etc. São algumas de suas utilidades. Geralmente durante as medições com acompanhamentos de terceiros (navios, receita federal, inspetoras etc.), todos acompanham e registram, com suas cadernetas.

Empregado conduzindo caderneta no bolso traseiro.

Tabela para arqueação de tanques

É uma tabela construída por órgão oficial, após a medição dos anéis ou espaços dos tanques, para definir os volumes em cada nível do tanque, considerando diversos fatores que podem influenciar em cada nível.

Técnicos realizando a medição do tanque, para confecção da tabela.

Após a construção de um tanque ou após grandes manutenções, que envolvam alteração no volume do tanque, é sempre necessária nova arqueação; para se obter o novo volume oficial do tanque.

Tabela Volumétrica

Altura [cm]	Volume [litros]	Incerteza [%]	Altura [cm]	Volume [litros]	Incerteza [%]
2070	28.739.470	0,29	2100	29.126.111	0,29
2071	28.752.358	0,29	2101	29.138.999	0,29
2072	28.765.246	0,29	2102	29.151.887	0,29
2073	28.778.134	0,29	2103	29.164.775	0,29
2074	28.791.022	0,29	2104	29.177.663	0,29
2075	28.803.910	0,29	2105	29.190.551	0,29
2076	28.816.798	0,29	2106	29.203.439	0,29
2077	28.829.686	0,29	2107	29.216.327	0,29
2078	28.842.575	0,29	2108	29.229.215	0,29
2079	28.855.463	0,29	2109	29.242.103	0,29
2080	28.868.351	0,29	2110	29.254.992	0,29
2081	28.881.239	0,29	2111	29.267.880	0,29
2082	28.894.127	0,29	2112	29.280.768	0,29
2083	28.907.015	0,29	2113	29.293.656	0,29

Equipamento provador fixo da EMED

É um equipamento para aferição da turbina da EMED, conhecido como Compact proover (inglês).

Imagem em detalhe do provador fixo.
Foto: Internet livre

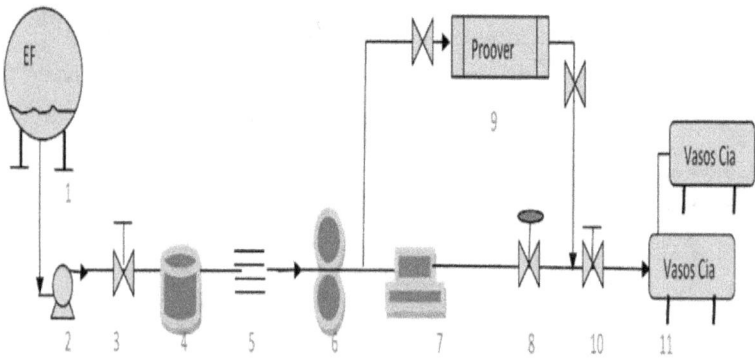

Detalhe simplificado do PROOVER no sistema EMED.

Normalmente este equipamento não participa das operações de rotina da EMED. Equipamento que em sua versão fixa, está ligado ao sistema de medição das EMEDs. Porém, NÃO participa das rotinas de transferências.

Equipamento provador móvel EMED

É um equipamento móvel, para aferição da turbina da EMED, conhecido como Compact proover (inglês);

Caminhão com PROOVER fixo sobre a carroceria.
Foto: Internet livre

Em sua versão móvel, normalmente NÃO está ligado ao sistema de medição das EMEDs. Equipamento utilizado para comprovação da medição correta da Estação de Medição-EMED.

Este equipamento geralmente é transportado ou fica posicionado sobre um veículo.

A tabela para correção e conversão

São tabelas criadas pelo órgão oficial de medição, para realizar a mudança nas medidas, realizando conversões e correção nas grandezas dos diversos produtos, quando necessárias.

Capa da tabela e trecho interno.

As conversões e correções são realizadas, devido a mudança constante na condição de vários produtos líquidos armazenados. Existem diversos tipos de tabelas: correção de volume, correção de densidade, conversão de temperatura etc.

É necessária a utilização das tabelas para quantificar corretamente algumas medições realizadas com os produtos. A utilização das tabelas, deve ser de acordo com os respectivos procedimentos e treinamentos de cada unidade operacional.

3- Alguns instrumentos do laboratório

São ferramentas utilizadas para uma finalidade específica no laboratório.
Não é nossa intenção discorrer sobre os diversos equipamentos e instrumentos de um laboratório, utilizados em um terminal para combustíveis.
Esses equipamentos e instrumentos são muito utilizados para cálculo de volumes, controle qualidade e controles de movimentação dos produtos.

A proveta

É um vaso cilíndrico em vidro, utilizado em laboratório, para fazer misturas e dosagens de produtos líquidos.

Proveta com produto e densímetro.

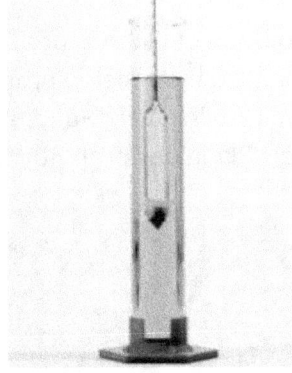
Proveta.

É um instrumento muito utilizado em laboratório, pelos químicos e auxiliares. Pode ser lisa ou com escala de graduação, para medição de nível. É também muito utilizado pelos operadores para medição da densidade e temperatura dos produtos na área operacional, e para a determinação dos volumes.

O densímetro

É um instrumento, geralmente em vidro, utilizado para a medição de densidade dos líquidos.

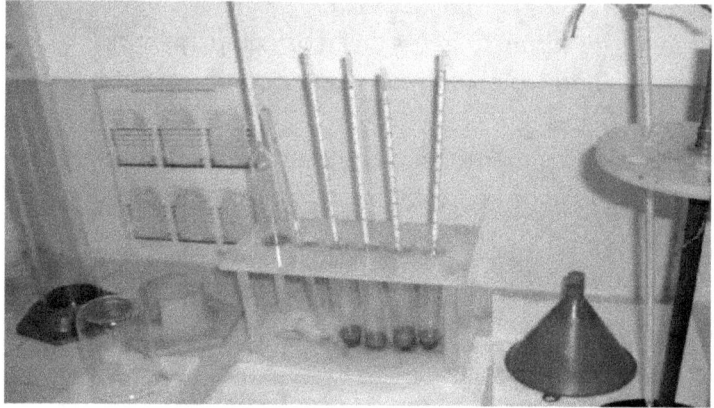
Densímetros estocados sobre a mesa.

É também muito utilizado em laboratório, pelos químicos e auxiliares. Dependendo do tipo de densidade do produto, existe uma escala de graduação para medição de nível. Muito utilizado pelos operadores para medição da densidade dos produtos, para a determinação dos volumes.

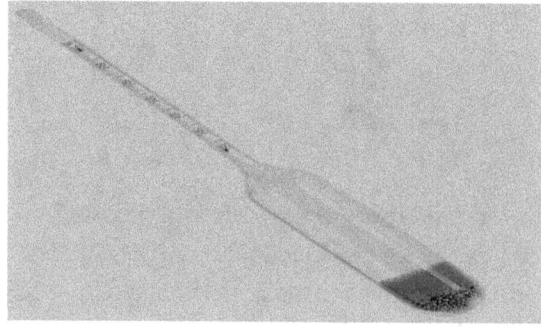
Densímetro.

Béquer

É um recipiente cilíndrico em vidro, semelhante a um copo, com um pequeno bico na borda.

Béquer com combustível e tabela para medição de turbidez por trás.

O bequer é semelhante a uma proveta; porém se apresenta com menor comprimento e maior diâmetro em relação a proveta. Também é utilizado para ensaios, misturas, dosagens. Pode ter ou não uma escala, para a medição do nível em seu costado.

O termodensímetro

Equipamento construído especialmente com a junção de um densímetro, um manômetro com termômetro, para possibilitar a realização da medição do GLP.

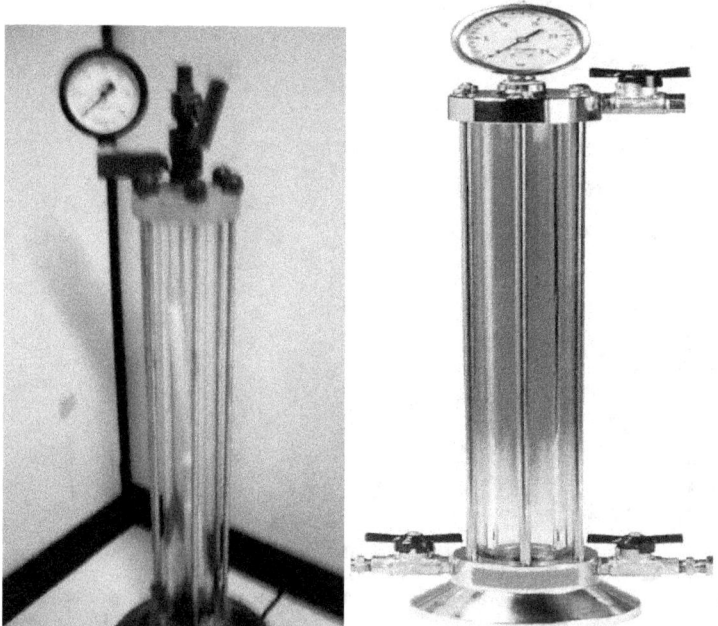

Termodensímetros com manômetros em suas extremidades.

Este termodensimetro é colocado em um cilindro transparente, com válvulas para carga e descarga; especialmente construído para medir o GLP.

O GLP é colocado no equipamento e, após a total flutuação do termodensímento, é feita a leitura da densidade e da temperatura. Esses dados, possibilitarão a posterior medição do produto.

Destilador automático

É o equipamento que visa controlar a relação do teor de frações leves e pesadas no produto.

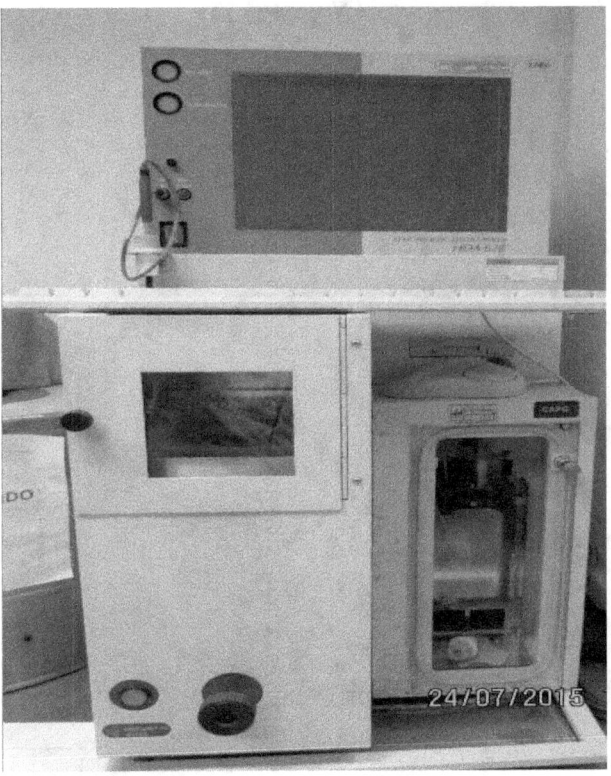

Destilador Automático

O ensaio tem como objetivo, melhorar o desempenho dos motores; evitando a formação de resíduos no motor.

Fulgorímetro

É o equipamento utilizado, para obter o ponto de fulgor.

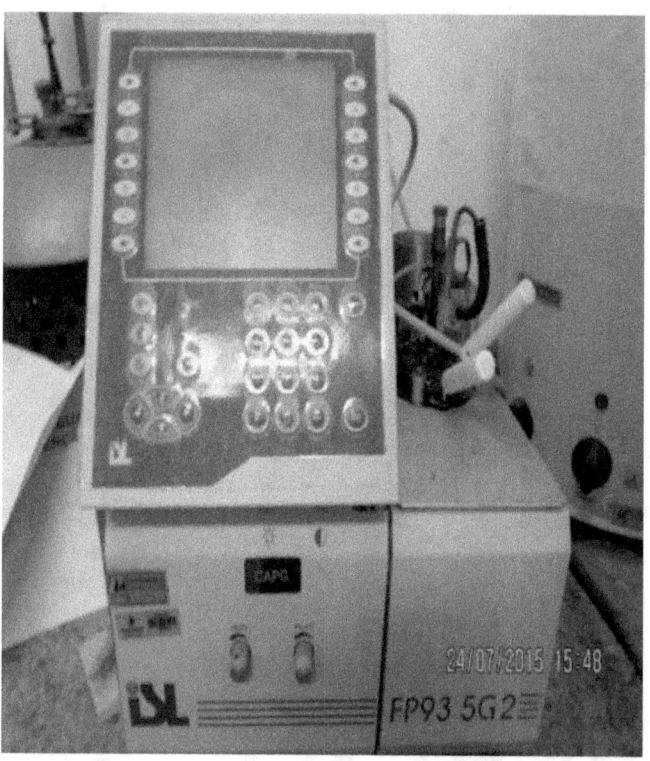

É uma análise realizada dentre as rotinas em um terminal de combustíveis.

O ponto de inflamação ou Ponto de fulgor é a menor temperatura, na qual um produto combustível libera vapor numa quantidade que seja suficiente para formar uma mistura inflamável, por uma fonte externa de calor.

É importante para impedir riscos durante o manuseio, transportes e armazenagens.

Cromatógrafo

É um instrumento que permite analisar diversos compostos em uma amostra de glp.

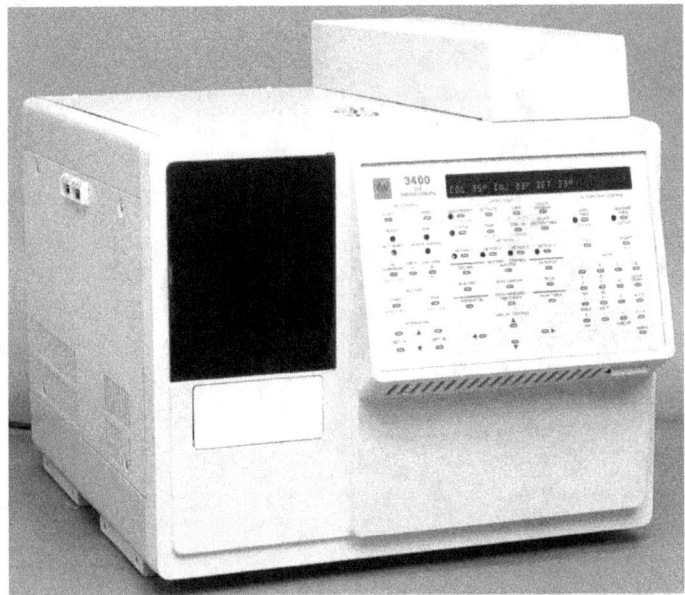

Cromatógrafo.

A cromatografia é uma separação, onde a amostra do glp é inserida no equipamento, onde os diversos componentes são separados dentro de uma coluna cromatográfica. No interior do equipamento é injetado um padrão quantificado e conhecido.

Posteriormente é feita a comparação de tempos de retenção e área, entre a amostra desconhecida e o padrão; e posterior cálculo da concentração.

Termômetro

É o equipamento utilizado para a medição da temperatura dos produtos.

Termômetro e funil ao lado.

Pode ser usado para medir a temperatura da tancagem, dos produtos amostrados em laboratório etc.; conforme as normas e procedimentos específicos.

O cronômetro

Equipamento para medição do tempo com maior precisão.

Cronômetro manual.

Esse equipamento também pode auxiliar nas operações realizadas na área operacional. Normalmente é utilizado em laboratórios, para medir o tempo das reações.

4- Sistemas

Sistemas, são uma reunião de partes que se combinam, para atender a um objetivo ou resultado. Apresentaremos adiante, os principais sistemas normalmente existentes em terminais para derivados de combustíveis e empresas semelhantes.

Sistema de tanques

É um conjunto de tanques em uma área do Terminal.

Tancagem de um terminal, com pipe rack em frente.

O sistema de tanques tem como finalidade básica, receber, estocar e transferir os produtos para os clientes; conforme procedimento operacional.

É composto de diversos equipamentos, instrumentos, acessórios, interligados a tancagem: manifold, válvulas, escadas, tubovias, medidores de nível e temperatura etc.

Tem como condição legal, diversos sistemas que fazem interligação com este para proteção, manutenção e para um melhor aproveitamento, durante as estocagens e transferências.

Sistema para movimentação do GLP

É um conjunto de vasos de pressão, e outros equipamentos, projetados para o armazenamento e movimentação do glp.

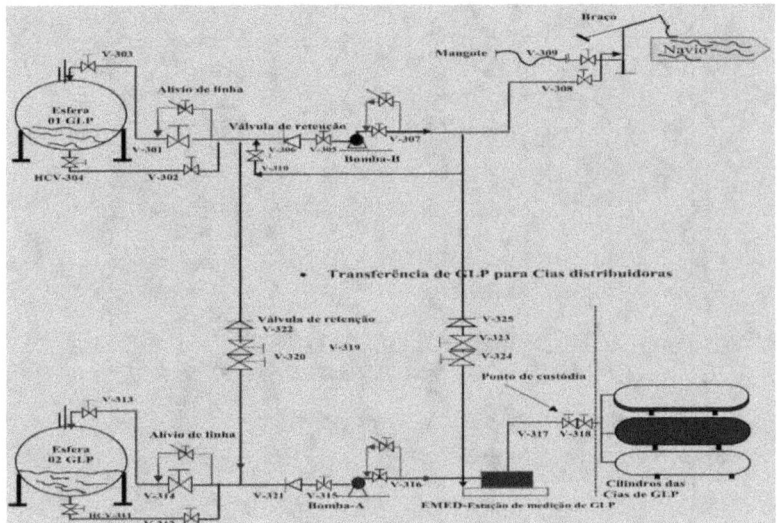

Fluxograma de GLP para carga de navio e transferência para Cias de GLP.

O sistema tem como finalidade básica, receber, estocar e transferir o GLP para os clientes; conforme procedimento operacional.

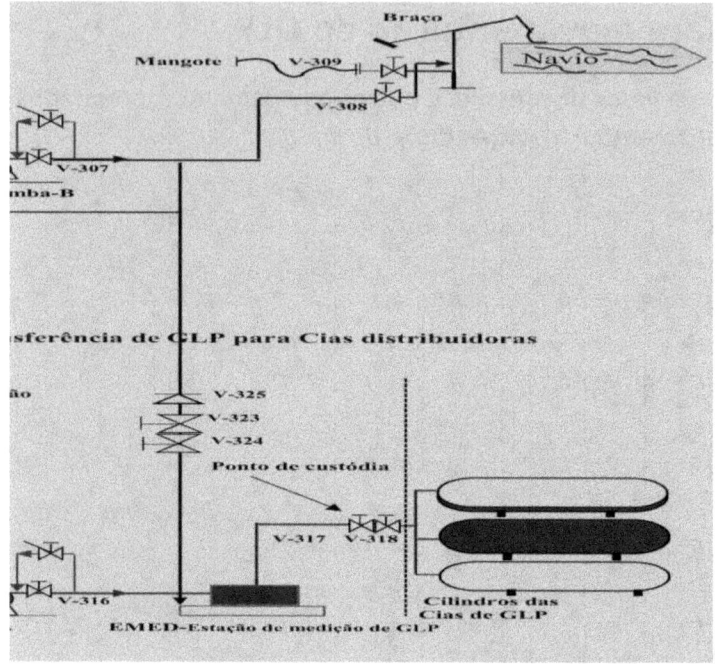
Detalhe

Este sistema é composto basicamente de diversos equipamentos, instrumentos e outros sistemas; que integrados compõem o sistema para a movimentação do GLP. Compõem esse sistema: o sistema de drenagem, sistema de odorização, sistema de medição, onde atua a estação de medição EMED, sistema de alívio etc.

Nele são executadas algumas atividades rotineiras como: amostragens utilizando termodensímetro, medição manual das esferas etc.

Sistema de esferas

São vasos de pressão esféricos, utilizados para o armazenamento de gases com alta pressão. Geralmente GLP.

Esferas para armazenamento do GLP.

São diversas esferas, em um parque de esferas, que podem estar independentes ou interligadas.

A opção pelo armazenamento neste tipo de vaso de pressão, apesar de um custo alto, é a grande quantidade no armazenamento sob pressão atmosférica, geralmente 1.500t, evitando o custo do transporte etc.

Este tipo de armazenamento, tem custo de manutenção, muito menor comparando com a tancagem refrigerada.

Sistema para GLP refrigerado

É o conjunto de equipamentos, instrumentos e acessórios para gás liquefeito de petróleo; mantido sob condições refrigeradas.

Tanque cilíndrico para GLP refrigerado.   Imagem: Internet livre

A grande utilidade para o armazenamento nestas condições é a estocagem de uma maior quantidade do produto. A tancagem é construída em aço especial, capaz de suportar temperaturas mínimas até -48,0°C.

Entretanto é importante lembrar o alto custo para utilização e manutenção deste sistema, e os cuidados constantes quanto aos controles operacionais.

Sistema para GNL (fonte ao consumidor)

É o conjunto de equipamentos, instrumentos e acessórios para gás natural, que sob condensação, passa o produto para o estado líquido e reduzindo sua temperatura até -163,0°C.

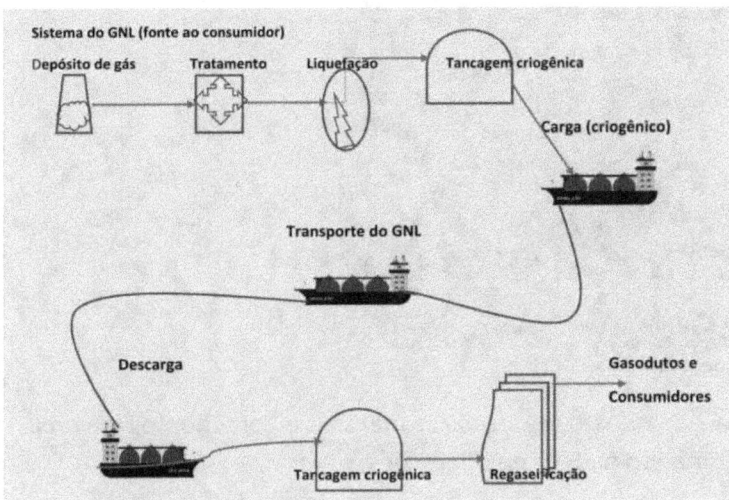

Fluxo do GNL desde o depósito, até os consumidores.
Ilustração: Damião Francisco

Conforme mostra o fluxo, resumidamente o gás natural liquefeito-GNL sai do reservatório, é tratado e limpo, passa para a fase de liquefação e é armazenado em uma tancagem criogênica que suporta baixíssima temperatura.

Em seguida o GNL é transferido para carga em navios com um sistema criogênico, semelhante a tancagem de terra, onde o próprio gás é utilizado para mantê-lo refrigerado. Após o transporte, o produto é descarregado no destino numa tancagem semelhante. Para que seja utilizado, o GNL é regaseificado e geralmente transportado por dutos até os consumidores.

Sistema interno de TV ou CFTV

É um circuito fechado e interno para TV, utilizado em alguns terminais.

Operador em observação ao CFTV.

Este sistema é composto de controles manuais e geralmente tem uma central de comando na Sala de operações.

O sistema atua como apoio as atividades operacionais, onde os técnicos podem visualizar a área operacional e interagir com algumas áreas como: píer, pátio de bombas, estação de medição, tancagem etc.

Controle manual do CFTV.

Sistema para comunicação

É o sistema responsável por manter as comunicações operacionais diariamente e ininterruptamente no terminal, levando a informação de forma clara entre os profissionais que trabalham nesta área.

Rádio de mesa (fixo) na sala de controle.

Para a atuação normal, faz-se necessário um treinamento e preparo antecipado. A comunicação entre os profissionais de navios, Praticagem, rebocadores, lanchas etc.; deve ser a mais clara e objetiva possível, para que o trabalho siga sem anormalidades.

Estes profissionais são os responsáveis pela movimentação de grandes volumes de produtos tóxicos, de grande valor econômico e combustível. Existem os rádios portáteis e os rádios de mesa nas salas de controle. Durante as emergências, devem ser seguidos o fluxo para comunicações, definido antecipadamente para as emergências.

Rádio portátil e carregadores de mesa.

Sistema para limpeza de dutos com nitrogênio

É um sistema onde é utilizado o nitrogênio para deslocar um produto líquido de um duto, seguindo um procedimento operacional.

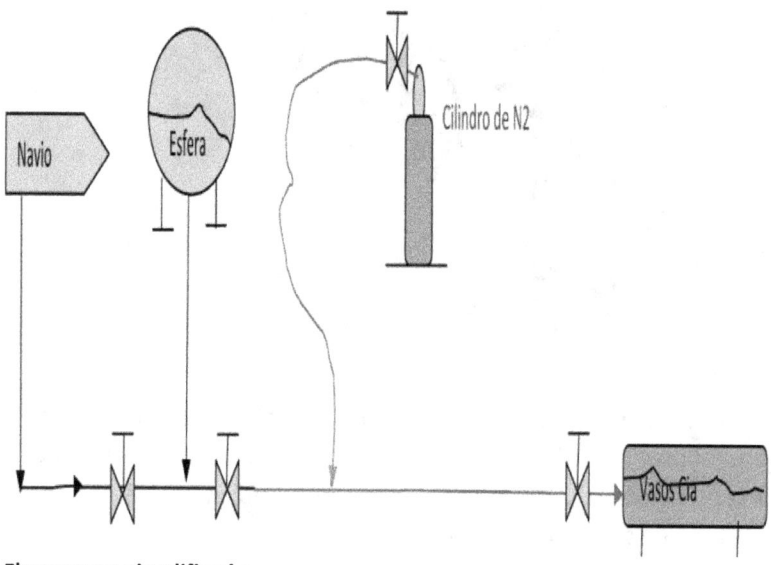

Fluxograma simplificado.

Geralmente esses deslocamentos de produtos, são limpezas de linhas e são direcionados para uma tancagem.

Durante os deslocamentos, são constantemente controladas e acompanhados as pressões e vazões do nitrogênio, para evitar anormalidades. É um gás inerte, incolor, inodoro e de alta expansividade. Não se expor ao gás em ambiente fechado; pois provoca asfixia.

Sistema de braços para carga ou descarga

É um sistema composto por diversos, braços metálicos mecânicos, articuláveis, que são conectados as embarcações para operação de carga ou descarga, dos diversos produtos.

Braços mecânicos operando em Belém-PA.

São equipamentos utilizados em muitos píeres de todo o mundo.

São equipamentos que necessitam de um treinamento específico para os operadores, devido a sensibilidade durante as conexões com as embarcações e a movimentação constante do navio nas águas, ocasionado pelas ondas.

Braços mecânicos em Pecém-CE.

Normalmente, existe uma cabine de comando, com controles e sistema hidráulico para a movimentação. Geralmente localizada em ponto elevado, para que haja uma melhor visão entre braços e navio, durante as conexões.

Braços mecânicos e costado do navio por trás.   Braços no píer do Pecém-CE.

São equipamentos dotados de alarmes para deslocamento, para que seja mantida a operação em um limite de movimentação segura entre o braço e o navio. Geralmente são dotados de equipamento para desengate de emergência, caso haja alguma necessidade de desatracação emergencial da embarcação.

Sistema supervisório

É o sistema responsável pelo controle e acompanhamento de todas as variáveis do processo e toda a integridade dos instrumentos e equipamentos, na área industrial.

Operadores na sala de controle (Guamaré-RN). Operadores no sistema supervisório (Suape-PE).

Este sistema, é composto principalmente, de um painel onde o operador da Sala de Operações do terminal acompanha e controla as movimentações em andamento.

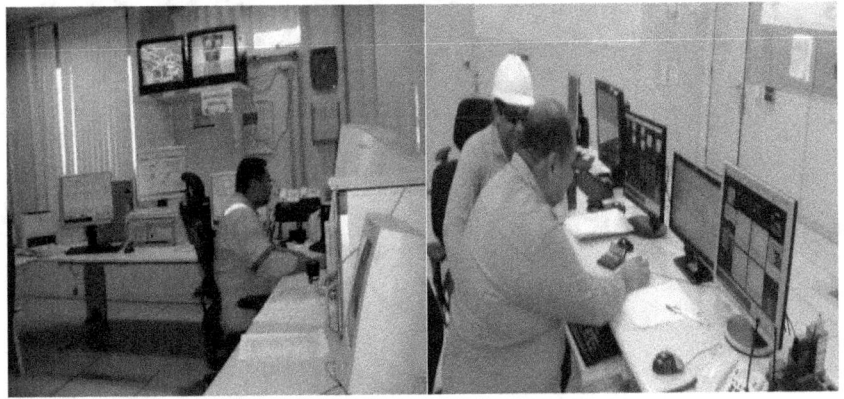

Operadores nas salas de controle.

Durante o trabalho, a atenção é constante e 24horas ininterruptas. Nele é possível realizar diversas fainas como: relatório de eventos e alarmes, intertravamentos, alinhamentos de produtos etc.

Atualmente em alguns países, as empresas mantêm uma central que acompanha e controla essas operações como o CNCO-Centro Nacional de Controle Operacional da TRANSPETRO, localizado no Rio de Janeiro.

Sistema para odorização

Sistema para odorização, é um conjunto de equipamentos e instrumentos, destinados a bombear um produto químico odorante, levando odor ao GLP.

Semelhança sistema odorização.

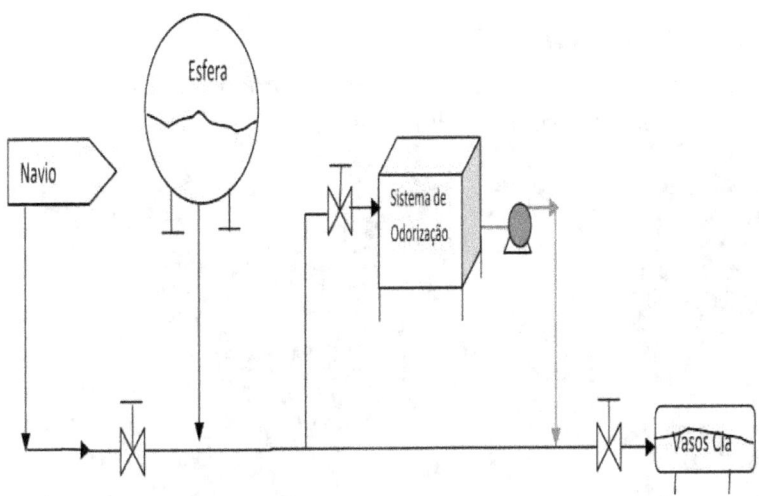

Fluxograma simplificado

O gás GLP é geralmente produzido sem um odor específico.

Em muitos países do mundo não se utiliza odorante. Aproveita-se a pouca condição de odor natural da produção.

Atualmente no Brasil, é utilizado o produto ethil mercaptan, com a finalidade de levar odor ao GLP. Esse odor desagradável tem a finalidade de alertar e prevenir o consumidor, sobre a condição de algum possível vazamento do produto, e tomar as providencias necessárias.

Sistema para alarmes

São sistemas utilizados com a finalidade de acionamento manual ou automático para alarmes sonoros e luminosos.

Sistema de botões para alarmes.　　　　　Detalhe de botão.

O acionamento de um alarme é uma atitude de grande responsabilidade, pois após sua ação será desencadeada toda a força de trabalho, administração e alguns locais a CIPA- Comissão Interna para Prevenção de Acidentes; para resolver a situação da emergência.

Logo, o treinamento antecipado dos empregados, e procedimentos adequados, são de primordial necessidade, para que haja um resultado satisfatório após a indicação de alarme e mobilização, tanto para a evacuação de pessoas, como para atuação da brigada de emergência.

Sistema para combate a incêndio

O sistema consiste em diversos equipamentos para combate a incêndios. São equipamentos fixos e portáteis, distribuídos nas diversas áreas da empresa.

Brigada da CIPA em treinamento prático.

É uma ferramenta muito importante para os Planos de Emergências Individuais- PEI's, e para atender a legislação ambiental.

É utilizado pelos membros da CIPA- Comissão Interna de Prevenção de Acidentes, pela brigada de emergência e área de segurança industrial de uma empresa; para evitar e combater incêndios e sinistros.

O sistema normalmente é projetado com bombas elétrica e bomba diesel, hidrantes, cabines de apoio com equipamentos manuais na área operacional. Atende toda a malha de equipamentos, outros sistemas, tubulações; levando a condição para finalizar o sinistro.

Bombas para combate a incêndio.

Sistema para pigagem

É um sistema utilizado para diversas funções, realizando uma finalidade ao deslocar equipamentos (pigs), no interior dos dutos.

Câmara para lançamento de pig.

Estes equipamentos são movimentados por líquidos, ou ar comprimido. A câmara de PIG é o local onde são colocados ou retirados os Pigs nos dutos.

Desenho de um pig de espuma

O sistema de pig é geralmente utilizado para limpeza interna nos dutos, mediante procedimento específico. Seja limpeza para manutenção ou para movimentação de produtos diferentes. No processo, existem basicamente as câmaras de recebimento e lançamento, onde são colocados e retirados os pigs após a "corrida"; com acompanhamento e controle, através da sala de operações.

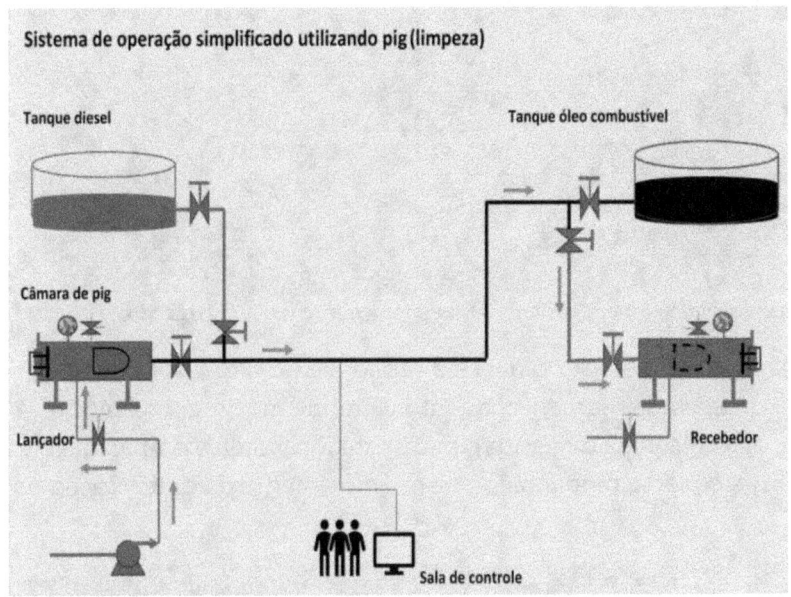

Ilustração sem escala.

Existem diversos tipos de pigs, e são utilizados para diversas funções: limpeza fina do duto (borracha ou espuma), análise de superfície ou espessura de parede do duto, soldas (instrumentados), limpeza grossa (pig com escova de aço), etc.

123

Sistema de píer móvel

O píer móvel, é o local geralmente construído com estrutura metálica, com articulações em direção ao mar ou rio, para atracação e desatracação das embarcações.

Plataforma móvel do píer em Manaus-AM. Plataforma sem navio atracado.

A finalidade do píer em ser móvel é a facilidade quanto a constante condição de acompanhamento, quanto a grande movimentação do nível das águas (subida e descida), onde está localizada a embarcação. Dessa forma o píer acompanha o mesmo movimento da embarcação na água.

Plataforma móvel do píer em Coari-AM, com navio atracado e sem navio atracado.

O Operador do píer, juntamente com o marinheiro de convés, acompanha a movimentação do calado (nível das águas); para que não haja anormalidade operacional.

Sistema de píeres

É o local onde localizam-se os píeres, para atracação das embarcações e sistemas condicionados para diversas operações.

Vista dos píeres de Suape-PE   Vista dos píeres de Pecém-CE

Neste sistema, temos diversos instrumentos e equipamentos: braços mecânicos com sistema hidráulico com cabine de controle, sala de controle operacional, sistema de combate incêndio, defensas, cabeços para amarração, tubovia com os manifoldes, sistema elétrico etc. Todos esses equipamentos, sob controle do operador do píer e auxiliares, condicionados para a melhor operação da embarcação, levando segurança, qualidade operacional e evitando sobreestadia.

Sistema manifold (distribuição)

É um conjunto de válvulas localizadas em uma só área, destinadas a realizar derivações de produtos, para diversos dutos dentro em uma tubovia.

Manifold vertical.

O manifold é semelhante a um cruzamento com semáforos, onde a abertura e fechamento das diversas válvulas, libera o fluxo dos produtos nas diversas direções.

No manifold podemos observar diversos tipos de válvulas e outros equipamentos, instrumentos e acessórios: drenos, vents, raquetes, tomadas para mangotes, figuras oito, flanges cegos, juntas etc.

Manifold horizontal.

Sistema de dutos

É uma via de acesso construída para a passagem dos dutos diversos: GLP, claros, escuros, água doce, água industrial, nitrogênio etc.

Tubovia. Tubos com identificação operacional.

É muito importante que exista na área operacional, a indicação e observação das cores referentes aos produtos transportados pelos dutos.

Tubovia dentro do píer.

No interior do píer temos diversos sistemas de dutos para operações independentes ou simultâneos, com vários produtos.

No sistema de dutos temos os dutos para combustível, dutos para eletricidade, água industrial e doce, dutos para o sistema hidráulico etc.

Sistema para corante

É um conjunto de equipamentos e instrumentos destinados a bombear um produto químico, para dar cor ao produto.

Semelhança com sistema de corante.

A coloração do produto faz-se necessária para auxiliar aos órgãos de fiscalização, quanto a identificação, diferenciação e utilização entre os diesel:S-10, S-50 e S-500.

 O objetivo final é o controle da utilização do diesel menos poluente (S-10), ao mais poluente (S-500) em regiões específicas dos estados.

Sistema de descarga ou carga para caminhões tanque

É o local de carga para a distribuição ou descarga dos produtos, que possam vir de outros locais através de caminhões.

Plataforma de carga ou descarga.

É um local de grande movimentação diária para as operações com diversos produtos: aterramento do veículo, uso dos EPI's etc.

Exige a atenção e observação constante de operadores, auxiliares e motoristas, quanto a utilização dos procedimentos operacionais, durante as operações.

Caminhão na plataforma.

Sistema de descarga ou carga para vagões tanque

É o local de carga para a distribuição ou descarga dos diversos produtos, que possam vir de outros locais, através de comboios de vagões.

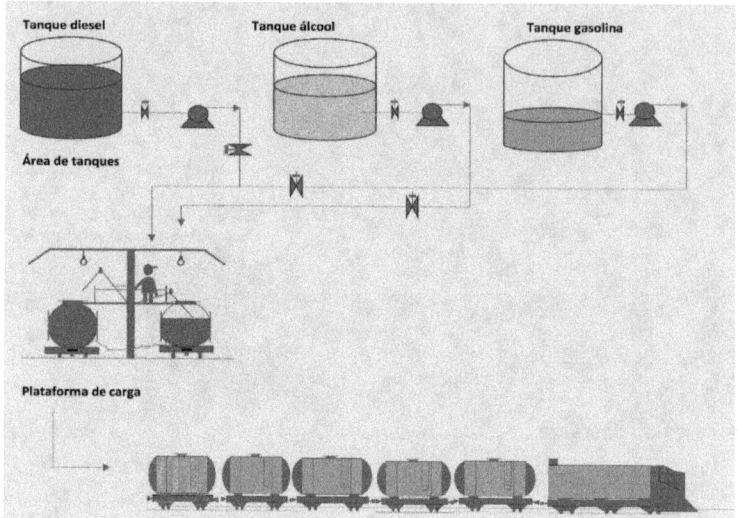

Tancagem, comboio com vagões-tanque e plataforma para carga e descarga.
Ilustração: Damião Francisco

A plataforma de operações para carga ou descarga de vagões faz parte do sistema e recebe os comboios em suas "ilhas operacionais", para aterramentos para cada vagão, conexões de mangotes e início das operações.

Também faz parte desse sistema, as bombas para o carregamento dos vários produtos, utilizando diversos tipos de manobras operacionais. Geralmente as operações podem ser realizadas por gravidade, pela tomada superior (tampa) e pelas tomadas inferiores dos vagões; e assim economizando energia.

Sistema para conferência de produtos

É o sistema com plataforma plana e nivelada, para conferência dos volumes e qualidade dos produtos carregados nos caminhões.

Caminhão deslocando-se para as conferências.

Este sistema é composto por uma sala elevada, onde o veículo estaciona e o operador inicia os procedimentos de conferência do volume do produto. Em seguida inicia a amostragem e análises básicas, para conferência da qualidade.

Caminhão realizando conferência do produto.

Sistema para alívio térmico

É o sistema responsável para aliviar as pressões no sistema de dutos, provocadas pela dilatação térmica do líquido no interior dos dutos; após aquecimento pela temperatura do sol.

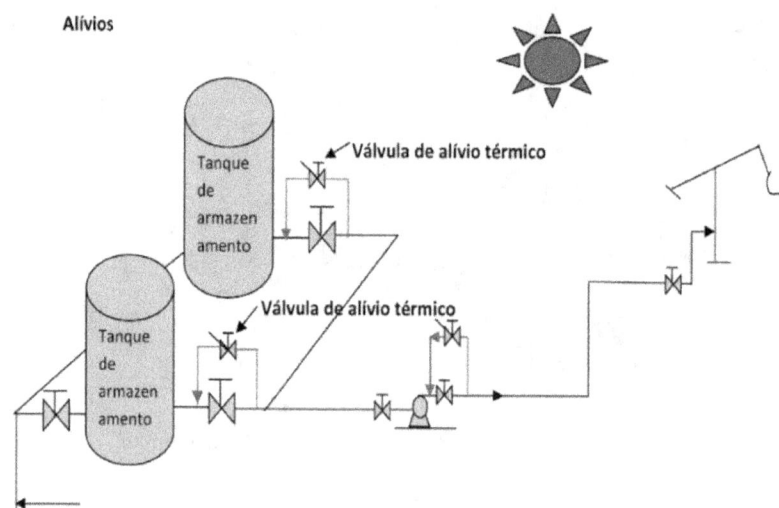

O sistema de dutos de qualquer empresa sofre constantemente dilatação térmica. Para as tubulações que se encontram expostas constantemente as ações naturais externas, como frio e calor existem os loopings, juntas de expansão etc. para ajustar esses movimentos; para que não causem acidente de rompimentos.

O sistema para alívio térmico é basicamente composto por diversas válvulas de alívios posicionadas em diversos locais, conforme diretriz dos projetos de cada sistema.

Geralmente essas tubulações são mantidas sob o alívio através de manobras operacionais para um tanque aliviador para cada produto, para que ocorra a despressurização ou alívio de linha; através da sala de controle operacional.

Sistema Sump tank

Sistema para recebimento das drenagens dos produtos restantes nos equipamentos ou água oleosa de manutenções realizadas no píer.

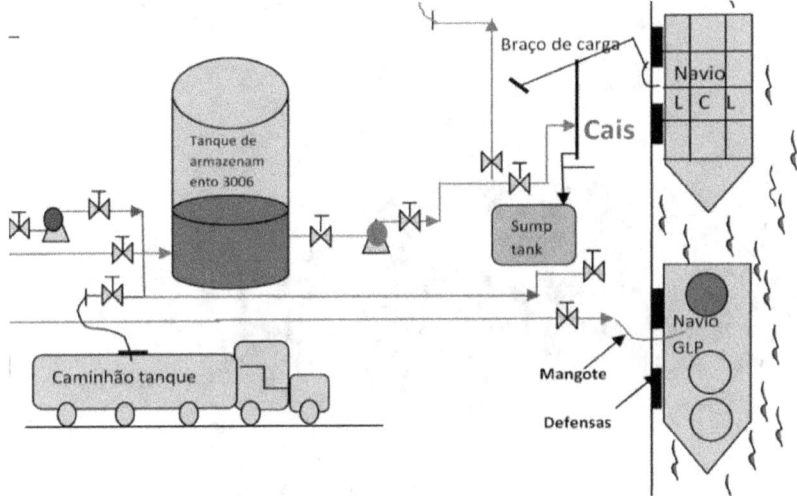

Ilustração resumida do sistema sump tank.

Após as diversas operações de carga, descarga, manutenções, alguns equipamentos ainda mantém os produtos operados. É necessário que haja a limpeza desses equipamentos para possibilitar a utilização em outras manobras com outros produtos.
Dessa forma é realizada a drenagem para o sump tank.

É um sistema composto de bombas e tubulações, que direcionam essa mistura de produtos para o sistema de reaproveitamento de resíduos oleosos, que geralmente localiza-se no terminal.

Sistema para controle de resíduos oleosos

É um conjunto de equipamentos e instrumentos, destinados à estocagem e tratamento do resíduo oleoso, que venha a ser gerado.

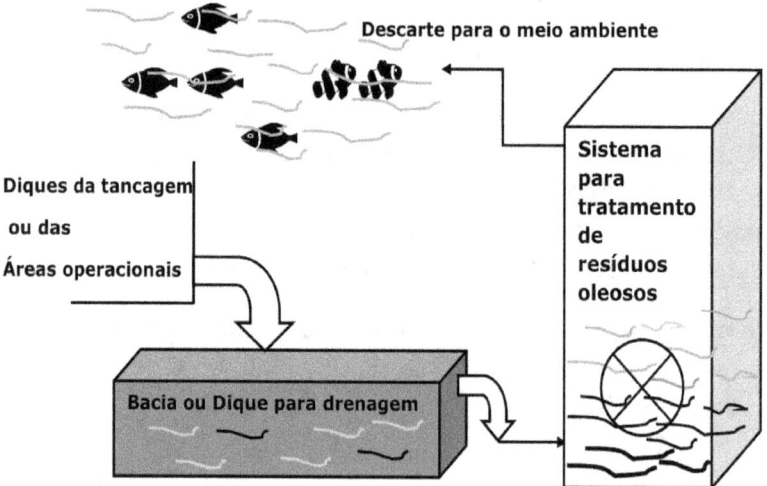

Pequeno sistema para tratamento.   Ilustração simplificada do processo.
Fonte: construção própria

Conforme procedimento operacional específico, o sistema de controle e tratamento do resíduo oleoso, gerado de manutenções e limpezas de linhas e outros equipamentos, nas diversas áreas de um terminal de derivados.

Também é destinado a não permitir a contaminação ambiental e reaproveitamento do óleo contaminado.

Após essa separação o produto é destinado a tancagem correspondente e a água é descartada para o meio ambiente.

Abaixo segue o processo simplificado:

Sistema para drenagem dos tanques

É um sistema destinado a drenagem da água e outras impurezas acumuladas no fundo dos tanques.

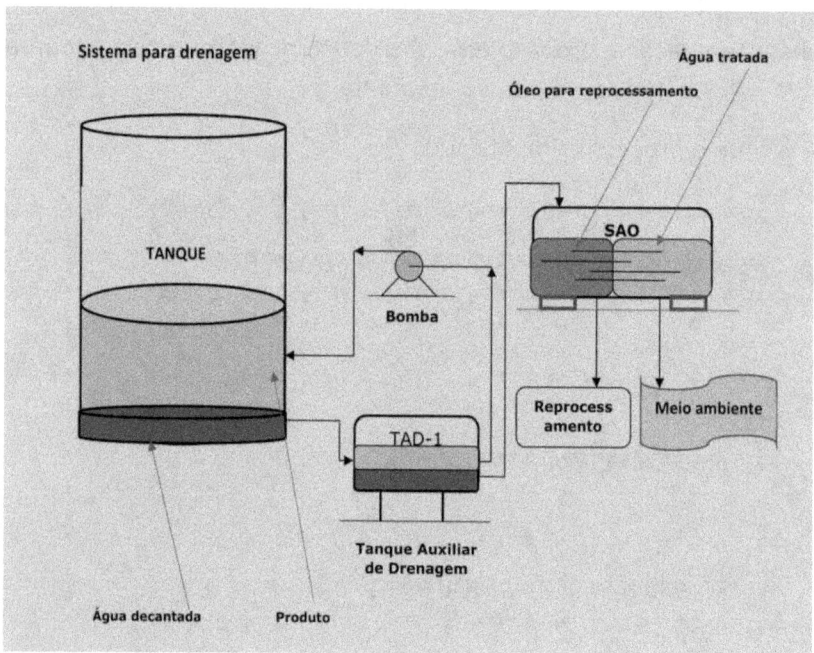

Fonte: Construção própria.
Apenas ilustrativa

Após a drenagem da água oleosa do tanque, esta é direcionada ao TAD – Tanque Auxiliar de Drenagem.

No TAD é feita a separação natural água óleo, por diferença de densidades e periodicamente essa água é destinada ao SÃO – Separador de água e óleo, e o óleo retorna a tancagem principal por bombeamento.

No Separador a água é submetida a nova limpeza e condicionada para retorno ao meio ambiente.

Sistema para quadro de boias

É o local em mar aberto, onde estão localizadas as boias para amarração, fixadas geralmente por poitas no fundo do oceano, destinado ao posicionamento do navio, para realizar as operações de carga ou descarga.

Rebocador, as 5 boias e parte do rebocador. 3 boias no quadro de boias para sinalização.

É o local onde o navio deve ser posicionado; geralmente durante a luz do dia, com o apoio de um Capitão de Manobras e uma lancha de amarração.

Neste local está posicionado sob grande profundidade, o PLEM-Pipe Line and Manifold.

As operações com o navio podem ser de carga ou descarga de petróleo, produtos derivados de petróleo, água de formação do petróleo etc.

O Quadro de boias

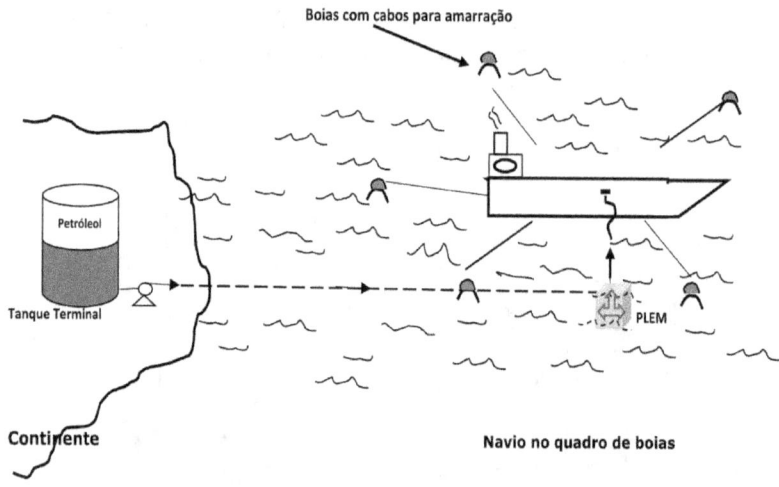

Fonte: Construção própria   Apenas ilustrativa

Sistema PLEM

O PLEM - Pipe Line and Manifold, é uma torre de controle submarina com manifold, conectada por mangotes do navio, para realização das operações de carga ou descarga, com o terminal aquaviário em terra.

Mangote submarino sendo içado.

O equipamento PLEM.

Neste local está posicionada sob grande profundidade, este equipamento de controle submarino com manifold, ligada por tubos aos mangotes na superfície do mar.

O mangote submarino é conectado na tomada de bombeio ou de recebimento do navio; através do serviço de mergulhadores treinados e controlado na sala de controle do terminal.

Sistema para mistura de produtos

É um sistema que realiza a mistura MF (Marine Fuel), geralmente obtidos por dois tipos de óleo, para atingir as características necessária para a queima nos motores dos diversos navios e consequentemente poder abastecê-los.

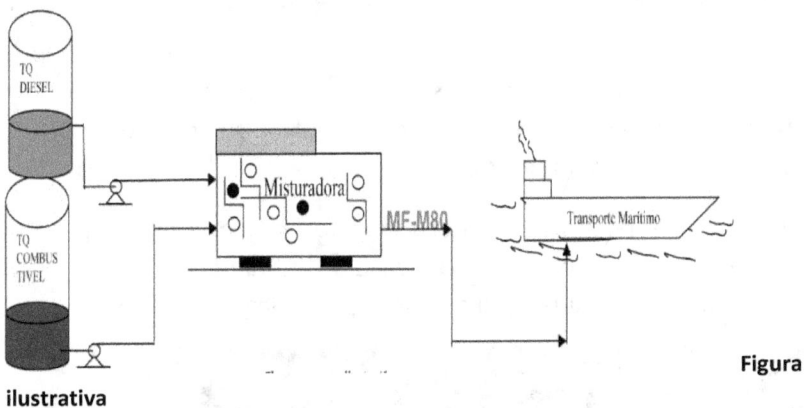

Figura ilustrativa

Este sistema de mistura pode ser fixo ou móvel. A unidade misturadora realiza a dosagem entre um óleo mais denso e um menos denso até atingir um percentual pré-estabelecido e atender as necessidades de cada tipo de embarcação.

Algumas vezes o abastecimento pode ser feio diretamente por caminhões tanque para os navios.

Estas operações, geralmente são realizadas durante a operação com a carga ou descarga do navio, para evitar aumento da estadia do navio no porto, devido ao alto custo.

Sistema City gate

É chamado o local de entrega, onde o gás passa da linha tronco ou principal, para um sistema de distribuição local.

Vista de duas City gates.

Recinto geralmente fechado composto de instrumentos e equipamentos. Contém sistema de medição, válvulas controladoras, manifolds para diversas manobras.

Tem como objetivo principal, manter a transferência do GNL para concessionárias ou clientes locais. O local é utilizado para visitação técnica de controle, manutenção e rotinas periódicas.

Sistema para medição de GLP

É um sistema integrado de medição para hidrocarbonetos.

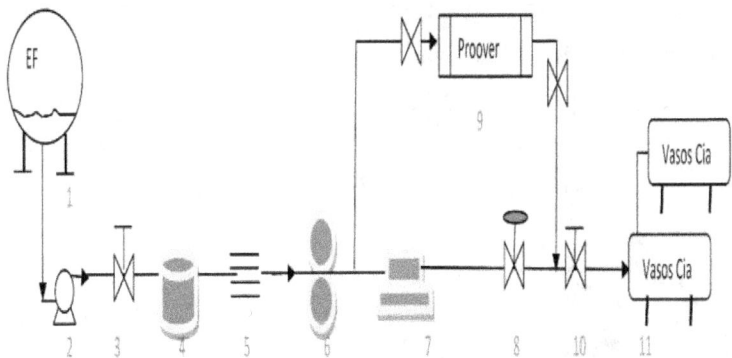

Também chamado de EMED – Estação de Medição.

Geralmente certificado pelo Inmetro, composto de diversos instrumentos e equipamentos, que serve para realizar a medição do GLP transferido para as companhias distribuidoras (Cias.), para fins de faturamento, devido à sua grande precisão.

Sistema para controle de volumes

Sistema composto por diversos medidores de volume interligados, sob controle e supervisão da sala de controle.

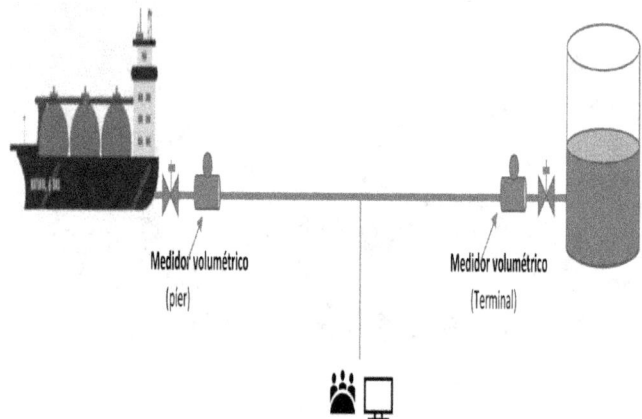

Esquema simplificado de medidores volumétricos.

Existem diversos tipos destes equipamentos no mercado. São destinados ao controle de volumes deslocados. São equipamentos que medem instantaneamente as vazões.

Detalhe do medidor volumétrico.

Geralmente usados aos pares, medindo o mesmo produto e fazendo comparações entre o volume que saiu da origem com o volume que chegou no destino.

Um dos principais objetivos do sistema, é detectar vazamentos em dutos de longa distância; para que sejam iniciadas ações de contingência.

Sistema básico de energia para um terminal

É importante o conhecimento do fluxo básico da energia que atua em um terminal. Desde a concessionária, até a área consumidora final.

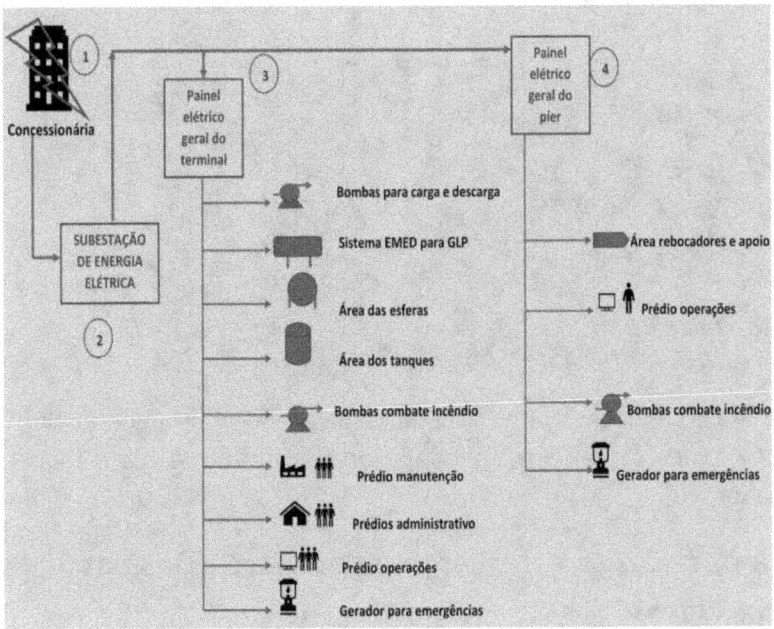

1- A concessionária é a empresa supridora da energia. Ela repassa a energia inicialmente através de uma subestação que transforma essa energia para a voltagem e dimensionada para aquela empresa ou terminal. 1

2- A subestação é uma instalação elétrica com equipamentos de proteção, controle, transmissão e distribuição da energia. Funciona transformando os níveis de tensão para posterior entrega da energia adequada ao terminal.
3- Existe um painel geral fora da subestação onde é possível energizar ou desenergizar todo a área do terminal.
4- Normalmente, também existe na área do píer, uma subestação; onde é possível energizar ou desenergizar todo a área.

Sistemas para transferências

É um conjunto de diversos equipamentos constituídos de bombas dutos, tanques, manômetros termômetros, drenos, vents etc., que realizam a transferência dos produtos.

A transferência tem como principal finalidade atender a transferência e estocagem pedida pelos clientes; mantendo a segurança e qualidade dos produtos.

Sistema para carga e descarga de embarcações com produtos claros

São sistemas projetados para realizar as operações de carga e descarga dos produtos claros, derivados do petróleo ou álcool.

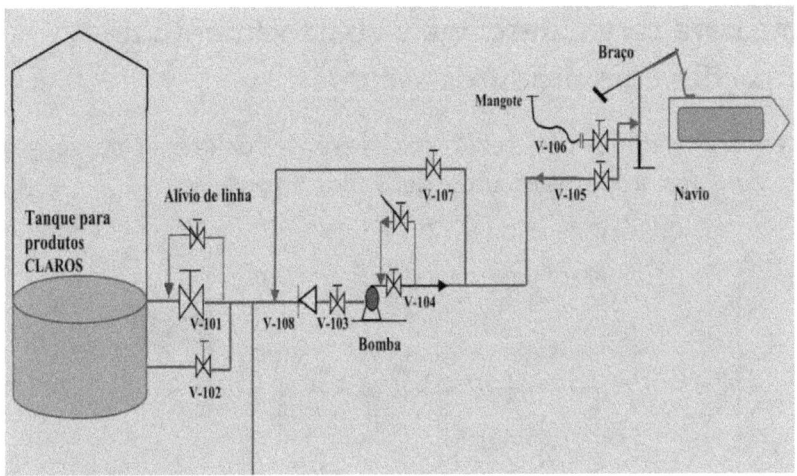

Fluxograma simplificado

O sistema é formado por diversos equipamentos e instrumentos, situados nas áreas do terminal e do píer. Geralmente opera gasolina, álcool, diesel, querosene, avgas, nafta etc.

É composto basicamente de dutos, bombas, válvulas de diversos tipos etc. Existem também diversos instrumentos de controle que se situam ao longo do trecho entre a tancagem e a embarcação: manômetros, termômetros, válvulas de alívio, drenos, vents etc.

É um sistema que geralmente pode ser controlado no local ou remotamente através da Sala de controle.

Sistema para carga, descarga e abastecimento de embarcações com produtos escuros

São sistemas projetados para realizar as operações de carga e descarga de petróleo e dos produtos escuros, derivados do petróleo.

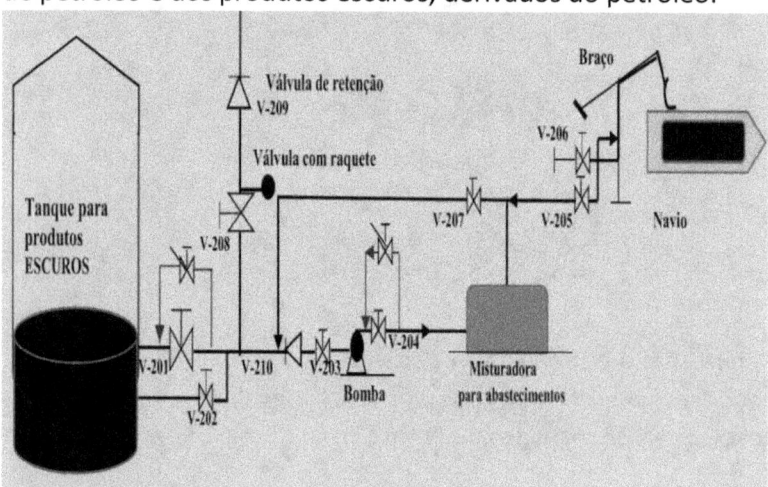

Fluxograma simplificado

O sistema é formado por diversos equipamentos e instrumentos, situados nas áreas do terminal e do píer. Geralmente opera petróleo, óleos combustíveis, BPF, Marine Fuel (MF), etc.

Tem composição semelhante ao sistema de claros, bombas, válvulas de diversos tipos etc. Existem também diversos instrumentos de controle que se situam ao longo do trecho entre a tancagem e a embarcação: manômetros, termômetros, válvulas de alívio, drenos, vents etc.

Pode ser controlado no local ou remotamente através da Sala de controle.

5- Transportes

Na indústria de derivados de petróleo, petroquímica ou semelhantes; existem os principais modais utilizados para o transporte dos produtos: Rodoviário, ferroviário, aquaviário e dutoviário.

Modal aquaviário

É o modo de transporte utilizando uma via com água.
Geralmente utilizado para transportar pessoas ou diversos tipos de mercadorias; através de rios, lagos, canais, mares, oceanos etc.
A seguir estão as principais embarcações que operam nos terminais de petróleo, derivados e álcool.

Navio para petróleo

São os petroleiros ou navios que transportam o petróleo bruto ou óleo crú.

Navios para transporte de petróleo.

Geralmente os navios que transportam os derivados do petróleo, também são chamados de petroleiros. São os maiores navios que existem. São construídos com casco duplo, com relação a tancagem, como forma de segurança.

Os petroleiros, são navios de grande porte, navegam por longas distancias nas importações e exportações; operam com capacidade para transporte de 330 milhões de litros de produto.

Geralmente operam com uma tripulação média de 25 pessoas, com uma velocidade média de 30km/h. O produto é mantido aquecido devido a viscosidade, e para facilitar a descarga.

Navio para derivados e álcool

São navios condicionados para a carga dos diversos derivados de petróleo e álcool.

Navio DILYA carregando álcool em SUAPE, década 1980.

São navios que geralmente operam na cabotagem. Podem realizar limpeza de seus tanques, quando mudam o tipo de produto em seus carregamentos.

São navios que podem ter os tanques de carga, de lastro limpo e lastro sujo em suas operações nos terminais. São navios de operação simples no terminal. Resumidamente: atracar, medir, calcular início, conectar, carregar; desconectar, medir, amostrar, calcular final, desatracar.

Navio para GLP pressurizado

São navios que transportam o glp líquido a temperatura ambiente, utilizando a capacidade de pressão em seus tanques em forma de esfera.

Navio pressurizado no píer. **Detalhe dos tanques cilíndricos.**

São navios com tanques sem revestimento isolante e não tem planta de reliquefação. Não podem transportar produtos com temperatura menor que -10°C.

São navios mais baratos, tem facilidade de operação por não terem planta de reliquefação, menor consumo de energia, facilidade de manutenção. Porém, com capacidade de carga menor, devido ao peso dos tanques (chapas com grande espessura). Até 2014 existiam em maior quantidade no mundo (Source: Navigator Sep 2014). São navios para carga até 5.000m³ e mais utilizados para a cabotagem.

Navios para GLP semi refrigerado

São navios que possuem uma planta de reliquefação para o glp e transportam o glp na faixa de 0,5 a 11,0 bars e baixas temperaturas até -48°C.

Navio para transporte de GLP em Coari-AM.

São os navios ultimamente mais utilizados, por facilidade no manuseio da carga e da operação. São navios mais caros e de mão de obra mais especializada. São navios para carga na faixa de 5.000 até 25.000m³ e são mais utilizados para o longo curso.

Navios para GLP refrigerado

São navios que possuem uma planta de reliquefação para o glp e transportam o glp na faixa de 0,5 a 11,0 bars e baixas temperaturas até -48°C.

Navio cisterna para GLP em SUAPE-PE

São navios que só descarregam em terminais com sistema de refrigeração.

São navios para carga na faixa de 25.000 até 60.000m³, alto consumo de energia e são mais utilizados para o longo curso. Para a manutenção da temperatura existe um isolamento especial e uma planta para resfriamento e reliquefação.

Navio para GNL

São navios que podem receber, manter e transportar o gás natural líquido, a uma temperatura criogênica de -160°C.

Navios para transporte de GNL.

Também chamado de navio metaneiro.
São navios que podem regaseificar o gás natural no destino da carga, vaporizando-o, para possibilitar o envio para os gasodutos terrestres.

Esse produto é principalmente dirigido as térmicas para geração de energia e para algumas indústrias que já fazem uso desta modalidade de energia.

Navio cisterna

É um navio utilizado para realizar o serviço de estocagem do produto, como uma tancagem.

Navio cisterna realizando transbordo para um navio menor.

É um navio que normalmente recebe o produto e descarrega de diversas formas. Recebe o produto do terminal ou de navios maiores, em grande quantidade e realiza o transbordo para embarcações menores.

Alguns terminais optam por utilizar um navio como uma tancagem por alguns motivos: por ser mais barato que construir uma tancagem, pela rapidez da utilização, por falta de condições locais para a construção normal da tancagem etc.

Balsas para GLP

São balsas utilizadas para o transporte do GLP para locais de difícil acesso para embarcações maiores.

Balsas com empurradores, transportando GLP no rio Solimões.

As balsas que realizam o transporte do GLP, geralmente transitam em regiões que ainda não foi possível a construção de gasodutos e que são impossibilitados a navegação de embarcações maiores.

É um tipo de transporte muito comum na região amazônica. Recebem o glp nos terminais e descarregam nas cidades costeiras, ao longo dos rios, para o engarrafamento em botijões e distribuição.

Balsa chata para petróleo e derivados

É uma embarcação com fundo chato, grande boca (largura), que opera em pequeno calado (profundidade).

Balsa chata no rio Solimões.

Embarcação quadrangular, que geralmente opera em águas rasas, utilizando um empurrador.

As balsas chatas normalmente são utilizadas para carga de veículos, transporte de cargas diversas em rios. São utilizadas também em serviços de dragagem.
No serviço para terminais, transportam petróleo e derivados.

Modal ferroviário

É o modo de transporte utilizando uma via férrea.

Comboio de vagões. Foto: internet livre

É geralmente utilizado para transportar pessoas ou diversos tipos de mercadoria.

No caso dos terminais, o modal ferroviário é muito utilizado para cargas e descargas de derivados de petróleo e álcool.

No modal ferroviário, o produto é transportado por vagões-tanque em comboios, com 20 vagões em média e conduzidos por uma máquina locomotiva.

Geralmente esses vagões têm capacidade volumétrica de aproximadamente 30/40m^3, e realizam o transporte interestaduais.

Modal dutoviário

É o modo de transporte utilizando uma tubovia.

É geralmente utilizado para transportar produtos líquidos diversos.

No caso dos terminais, o modal dutoviário é muito utilizado para transferir petróleo, derivados de petróleo e álcool.
Os dutos podem ser terrestres, subterrâneos ou submarinos, dependendo da necessidade. São mais comuns os dutos terrestres.
No modal dutoviário, o produto é transportado por dutos longos ou curtos; através da gravidade ou bombeios, utilizando-se bombas para transferências.

Modal rodoviário

É o modo de transporte utilizando uma rodovia.

Caminhão em viagem.   **Caminhão descarregando no posto.**

É geralmente utilizado para transportar produtos líquidos diversos.

No caso dos terminais, o modal rodoviário é muito utilizado para transferir petróleo, derivados de petróleo e álcool, para as distribuidoras ou locais de difícil acesso.

No modal rodoviário, o produto é transportado por caminhões tanque e carretas que transportam em média o volume de 15 e 30m³ até o destino.

6- Alguns acessórios dos tanques

Detalharemos aqui alguns acessórios da tancagem e do terminal. São itens, peças ou objetos que acompanham a peça ou ferramenta principal.

Tubo para repouso

É um tubo com furos em seu costado, instalado no interior dos tanques.

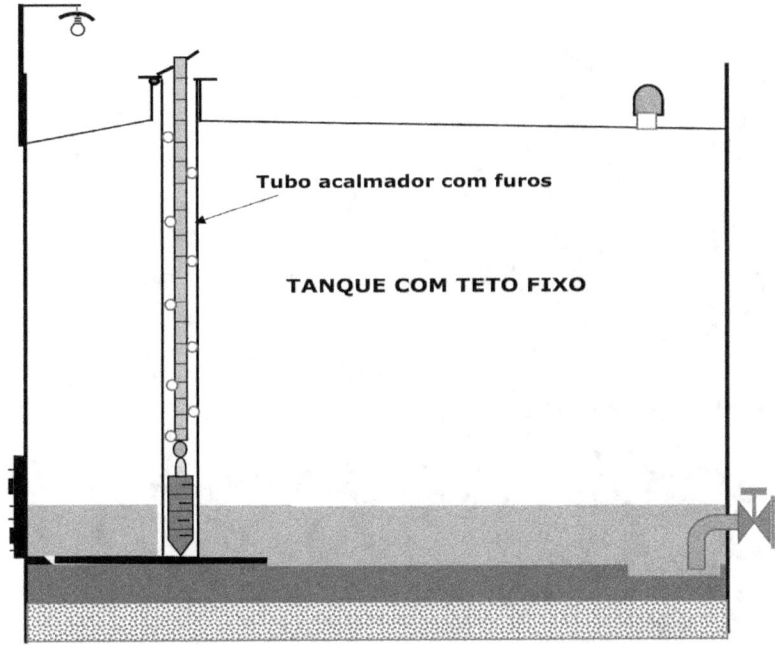

Detalhe do tubo acalmador no interior do tanque.

Também chamado de tubo acalmador, esse tubo tem como objetivo eliminar qualquer tipo de ondulação que possa vir a existir no interior da tancagem oriunda da movimentação ou do sistema de alívio.

É importante que haja essa condição de repouso do produto, para que possa ser realizada uma medição manual confiável. É importante lembrar o cuidado logo que abrir a tampa da boca de medição, quanto aos vapores tóxicos em grande quantidade; principalmente durante a época de verão.

A boca para visita ao tanque

É o local para acesso periódico ao tanque durante as manutenções necessárias.

 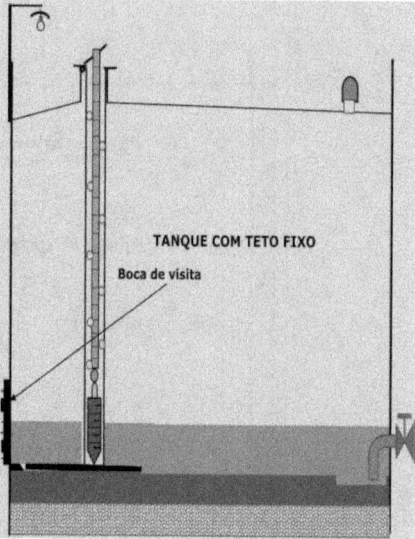

Boca de visita aberta e boca de visita fechada. detalhe da porta de visita.

Desenho do tanque com

Também chamada porta de visita do tanque. Normalmente é utilizada para as manutenções preventivas.

Após a limpeza e liberação do tanque pela área operacional, o tanque é aberto pela boca de visita; para acesso dos empregados.

Boca para medição no tanque

É o local destinado a realização de medição manual da tancagem, quando necessário.

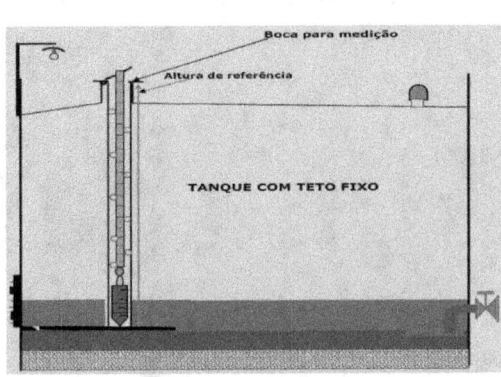

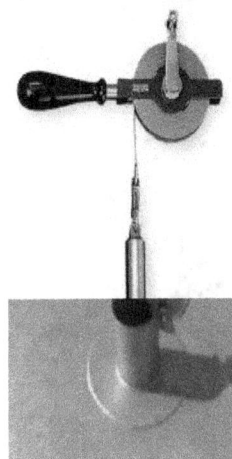

Boca baixa para medição.

Atualmente as bocas de medição são construídas com maior altura, para facilitar a operação de medição e amostragem dos tanques.

As medições manuais, geralmente são realizadas para confirmação oficial de alguma medição. É realizada utilizando-se uma trena manual com prumo, e com o acompanhamento da leitura da temperatura média do produto na tancagem.

É importante lembrar o cuidado logo que abrir a tampa da boca de medição, quanto aos vapores tóxicos em grande quantidade; principalmente durante a época de verão.

Anel para resfriamento

É uma tubulação dotada de dispositivos, contendo produto para resfriamento, que acompanham os grandes equipamentos para estocagem de combustíveis.

Anel para resfriamento circulando o tanque, e em detalhe.

A finalidade do anel para resfriamento é manter o produto da tancagem sob uma temperatura que não venha causar ignição.

Esfera com anel de resfriamento na base.   Detalhe do anel na base da esfera.

Os anéis, geralmente estão posicionados em locais, que dificilmente são destruídos por explosões e possibilitam o resfriamento durante todo o sinistro.

Normalmente, vemos este acessório: no costado superior, circulando os tanques; na parte inferior das esferas ou sobre os reservatórios cilíndricos para armazenamento do glp.

Mesa para medição

É uma plataforma plana no fundo do tanque, soldada ao costado, e que é referência para as medições oficiais.

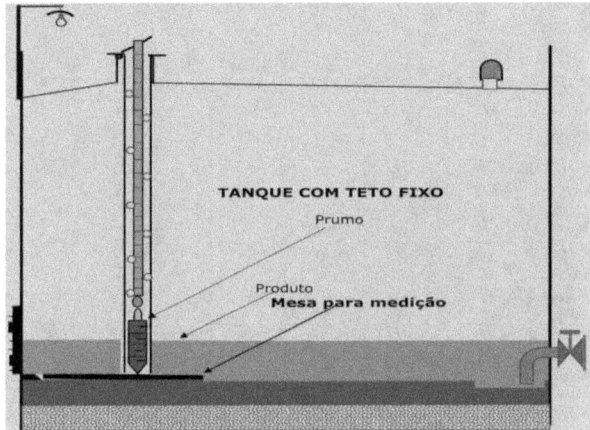
Tanque

A mesa para medição é também mais uma parte importante em um tanque para armazenamento. Principalmente quando o tanque armazena grande quantidade de produto.

Ela é muito utilizada para tanques que armazenam produtos claros, produtos com pouca densidade; onde é realizada a medição direta do produto. Para os produtos escuros a medição é feita indiretamente, utilizando o espaço vazio.

É importante que a mesa esteja limpa e isenta de impurezas durante as medições; confirmando isto, com a medição da altura de referência.

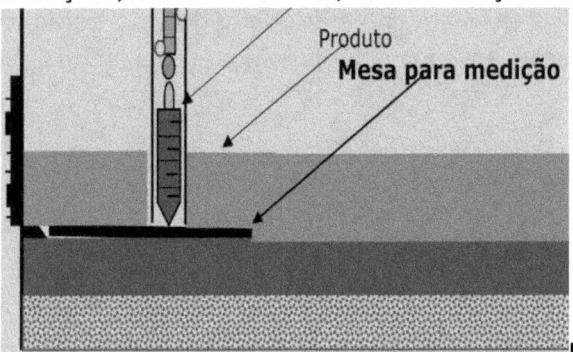
Detalhe da mesa

Guarda corpo

É uma proteção lateral, existente sobre o tanque, com a finalidade de proteger pessoas que acessem o teto do tanque.

Guarda corpo do tanque (seta).

Alguns tanques ainda existem guarda corpo apenas parcial, próximos aos locais que possam ter acesso de pessoas como: boca para medição e válvula quebra vácuo.

Entretanto, a maioria dos tanques atualmente construídos, são dotados de guarda corpo e iluminação, em toda a periferia do teto do tanque.

Misturador para tanque

Equipamento motorizado acoplado ao costado do tanque, geralmente dotado de hélice na parte interna, para misturar o produto no interior do tanque.

Parte externa do misturador.   Foto: Mixel agitators

Geralmente está localizado na base do costado do tanque, ficando apenas o eixo com o hélice ou, no interior do tanque.

São normalmente utilizados para produtos de alta viscosidade facilitando o bombeamento e para produtos de fácil estratificação e que precisam ser homogeneizados.

Parte interna do misturador com o hélice.

Diques para contenção

É uma construção em volta dos reservatórios com o objetivo de conter o espalhamento em caso de possíveis vazamentos ou derrames da tancagem.

Detalhe do navio atracado e dique para contenção nas bombas do píer.

Os diques geralmente são construídos de cimento ou paredes de concreto armado. Essas construções contém uma interligação com o sistema de drenagem, para reaproveitamento dos produtos.

Existem também os pequenos diques para contenção em volta de alguns equipamentos ou sistemas.

São dimensionados proporcionalmente, para todos os equipamentos que armazenam produtos, ou passiveis de derramamentos ou vazamentos.

Dique para a tancagem.

Plataformas para acesso operacional

São estruturas que disponibilizam o acesso dos empregados e equipamentos, aos locais de trabalho de difícil acesso.

Operador na plataforma.   Plataforma para acesso a tubovia inferior.

As plataformas também têm a função de proteger o empregado durante a locomoção até os equipamentos, mantendo um guarda corpo em todo o percurso.

Plataforma carregamento de caminhões. Plataforma para acesso ao navio.

Além de manter as condições nas operações manuais, correta ergonomia, segurança, acesso correto e seguro até os equipamentos na área.

As escadas

É um acessório utilizado para acessar um local desejado, subindo ou descendo.

Operador observa escada no costado do navio.   Escada de acesso a esfera.

Existem diversos tipos de escadas, e localizadas em diversos locais, em uma área industrial: escada de portaló, giratória, quebra peito. Escadas fixas e móveis etc.

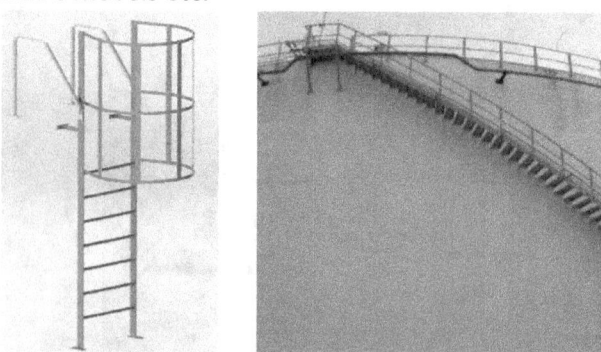

Escada no costado do tanque em terra.   Escada quebra peito com proteção.

Para o trabalho com as escadas é importante o cuidado com sua fixação das extremidades, ficar atento ao guarda corpo adequado e iluminação correta. Quanto aos degraus, observar a correta distância entre eles e a necessidade de piso derrapante.

Válvula para pressão e vácuo

É uma válvula situada no teto do tanque, com a finalidade de evitar ação de alguma formação indevida de pressão ou de vácuo.

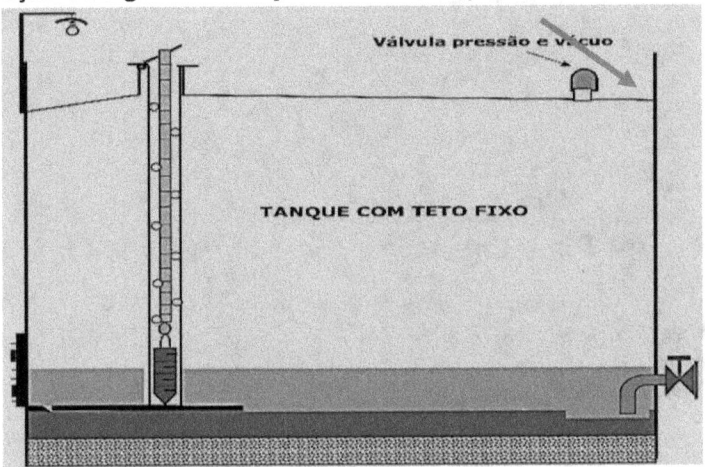

Desenho do tanque com detalhe da válvula no topo.

Durante as operações com a tancagem existe sempre a possibilidade de formação de algum tipo de vácuo ou sobre pressão que poderiam danificar o tanque.

O vácuo que poderia levar o tanque ao encolhimento e a sobre pressão realizando a explosão do tanque.

A válvula para pressão e vácuo atua quando algumas dessas situações apresentam-se e realiza o trabalho de alívio necessário. Existe sempre uma rotina para sua manutenção

Válvula pressão e vácuo.

O filtro

É um acessório geralmente utilizado a jusante (na sucção) de uma bomba, para filtrar as impurezas.

Filtro com a cesta.

Durante as descargas das embarcações, geralmente são arrastadas impurezas pelo sistema de bombas. Para evitar que esse material chegue até a tancagem, são utilizados os filtros em alguns sistemas. Principalmente para os querosene e gasolina de aviação.

Para manter esse sistema em boas condições, rotineiramente são realizadas limpezas e manutenções adequadas.

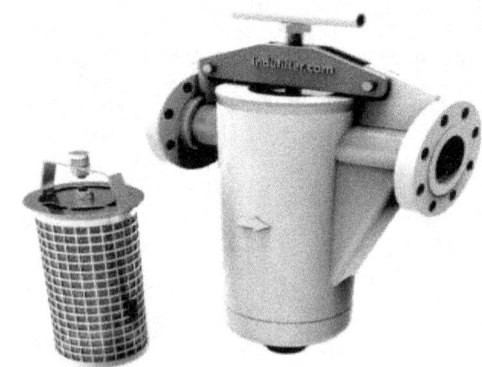

Filtro aberto para manutenção.

Isolante térmico para equipamentos

É o nome dado a uma cobertura de material isolante, colocada em tubulações industriais.

Revestimento.

Bombas com revestimento.

O isolante serve para evitar que o produto no duto ou tanque, perca temperatura além do necessário.

Tanque com revestimento.

Linha revestida no pipe way.

Essa proteção, evita que o produto perca temperatura e as suas características, e crie dificuldade para a movimentação no interior do duto; durante o bombeamento.

Em algumas indústrias que trabalham com produtos aquecidos na tancagem, são colocados revestimento isolante em volta dos tanques, para evitar diminuir a perda de temperatura.

Válvula para drenagem

É uma válvula utilizada para drenar impurezas não desejadas, que estejam contidas no tanque.

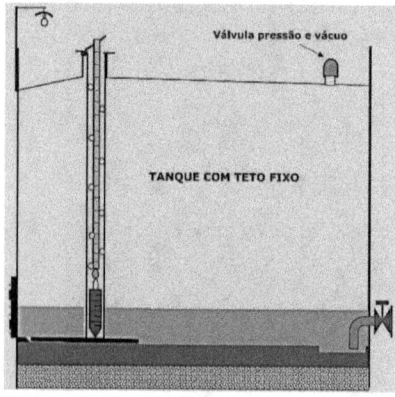 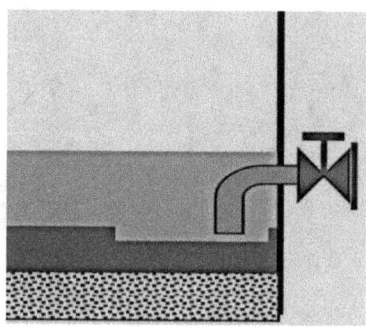

Tanque com válvula para drenagem na base.   Detalhe da válvula com flange.

A função básica da válvula do dreno, ou "dreno do tanque", é retirar impurezas ou líquidos não desejados do interior do tanque, através de uma abertura controlada e acompanhada por profissional treinado.

Válvula de dreno.

É geralmente uma válvula do tipo "fechamento rápido", para que não haja perda de produto por arraste e não corra risco operacional.

7 - Outros acessórios

Abraçadeira

É um acessório que tem a utilidade de fixar de forma circular algum tipo de equipamento.

 A abraçadeira ou braçadeira, é um acessório utilizado muito em tubulações de metal ou mangotes flexíveis, para fixar uma parte a outra, pode servir como união entre uma parte fixa e uma móvel e diversas outras utilidades. Pode servir como fixação de um duto a um pipe rack etc.

 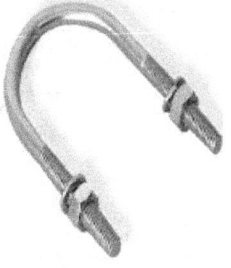

Cabo para aterramento

Equipamento utilizado para direcionar a eletricidade estática, adquirida durante a movimentação do produto.

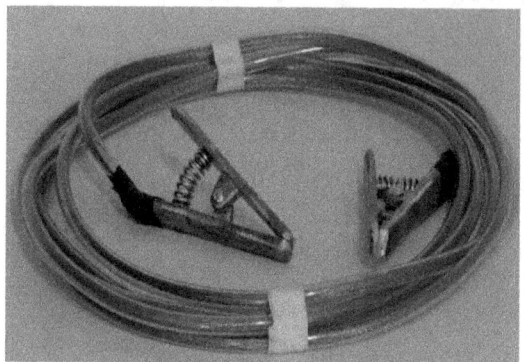

Cabo para aterramento e detalhe dos alicates.

Composto de fio e alicate para fixação. Alguns alicates são dotados de pino para melhor fixação. Normalmente conhecido como cabo terra. Muito utilizado durante a realização de carga ou descarga de caminhões tanque.

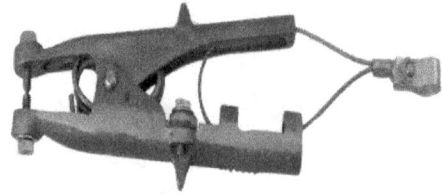

Alicate

Serve para evitar o acúmulo de eletricidade estática. É importante realizar a fixação para o aterramento, na chapa destinada para o aterramento.

Braço para carga de caminhões e vagões tanque

É um equipamento articulável que é utilizado para o carregamento de veículos transportadores.

Imagem do braço articulável.

É um equipamento de menor porte semelhante ao de carregamento de navio. É um equipamento maleável, confeccionado em material leve, que é manuseado pelo operador da plataforma.
O manuseio é feito, introduzindo-o na boca do veículo da carga (geralmente caminhão ou vagão), após as etapas de preparação, conforme procedimento operacional.

O lacre

Lacre ou selo de segurança, é um acessório utilizado para garantir que o equipamento, reservatório ou objeto, não seja violado.

Amostras lacradas.

O lacre geralmente é confeccionado em plástico, chumbo ou outro metal. Pode ser utilizado com fio de arame, cordão, plástico para o devido ajuste de lacração.

Lacre numerado fechado
Francisco

Foto: Damião

Também pode ser numerado, para que a numeração conste em algum documento de comprovação. É confeccionado com um ajuste de trava, que uma vez travado, não poderá mais sair sem que seja danificado.

Cinta de lona para içamento

A cinta ou lona para içamento, é um acessório para o transporte de equipamentos pesados.

Cinta.

Para os serviços de manutenção nas oficinas ou áreas industriais as cintas são muito utilizadas devido sua leveza e praticidade para manuseio e transporte de equipamentos pesados.

Cabo para içamento

São cabos de aço utilizados para içamento de equipamentos ou cargas.

 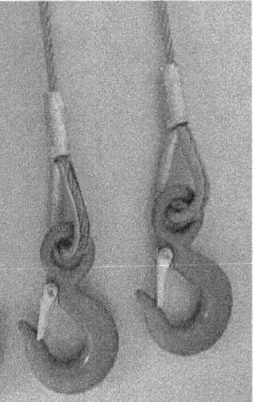

Cabo do navio içando mangote no mar. Detalhe de engates da extremidade do cabo.

Esses equipamentos são muito utilizados em guindastes para os serviços de manutenção em terra ou em guindastes dos navios em serviços de manutenção ou remoção de cargas.

Conexão do caminhão tanque

É a tomada do caminhão, em que é fixada a mangueira para a operação de descarga.

Caminhão tanque. **Detalhe das tomadas para conexão.**

É importante o conhecimento das tomadas e a devida sinalização com o respectivo tanque; para que possa ser operado o produto do tanque indicado, no local correto.

Crachá

É um documento para a identificação pessoal do empregado, e outros participantes, dentro de uma empresa.

Crachá para identificação.

Hoje, o crachá praticamente um acessório que já faz parte do fardamento do empregado, juntamente com o logotipo da empresa.
É um documento que deve ser posicionado no tronco, em local visível para todos.

É um documento muito importante para diversas situações que possam ocorrer dentro da empresa: identificação normal dos empregados, ocorrência de emergências, identificação dos clientes, visitantes, fornecedores etc.

Tampão

É um acessório para o fechamento definitivo de uma tubulação, através de soldagem.

Tampão.

Esses acessórios, geralmente são soldados ao final da tubulação (geralmente de maior diâmetro), quando existe a necessidade de isolamento definitivo do duto. Ao final da soldagem realiza-se os testes de estanqueidade para a solda executada.

Parafusos e porcas

Parafusos e porcas nos equipamentos.

Aparentemente simples os parafusos são acessórios de grande importância para as conexões de reduções, mangotes, carreteis etc. Existem diversos tipos de parafusos e porcas, com diâmetros e roscas específicas.

Normalmente são fabricados de material aço carbono; entretanto existem os parafusos e porcas inoxidáveis para o trabalho com alguns produtos, principalmente o GLP.

Roletes para os dutos

É um equipamento utilizado com a finalidade de facilitar o movimento horizontal, normalmente realizado pelos dutos externos.

Detalhe do rolete.   Rolete aplicado ao duto (seta).

Equipamento criado no Brasil e já muito utilizado nos dutos que sofrem grande desgaste pela corrosão gerada pelo trabalho ocasionado pela dilatação térmica.

Este equipamento é posicionado na geratriz inferior do duto. Confeccionado com material que não ocasione atrito desnecessário a tubulação. Dessa forma evitando as manutenções e trocas constantes da chapa de sacrifício posicionadas na base.

Junta para acoplamento

São acessórios que permitem a vedação da união entre as partes metálicas nos equipamentos.

Juntas.

As juntas podem ser fabricadas de diversos materiais. Dependendo da finalidade operacional que for destinada observa-se o uso adequado de junta: borracha, teflon, papelão etc.

As juntas devem ser colocadas de forma concêntrica entre as partes, para que não haja vazamento, após a união das partes metálicas e início da operação.

Juntas.

Desengate dos braços para emergência

É um equipamento que compõe a conexão dos braços mecânicos para operações com embarcações.

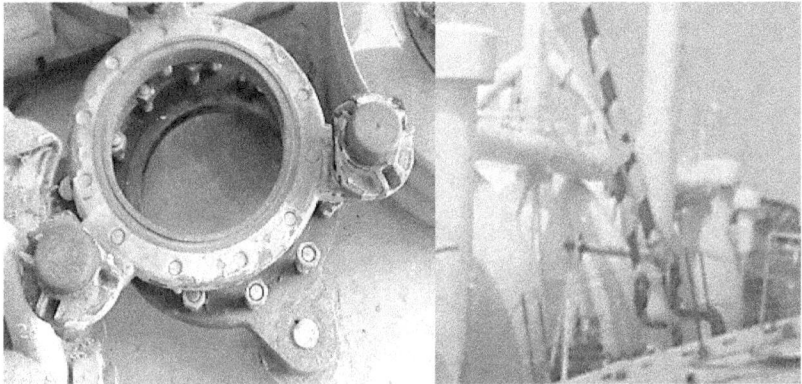

Desengate de emergência, desacoplado do braço mecânico. Detalhe da conexão

O desengate de emergência é um acessório que compõe o final do braço mecânico, utilizado para carga ou descarga de embarcações. O desengate é composto de três tomadas que fazem a conexão rápida do braço com a embarcação.

Braço conectado no navio.

Geralmente, em casos de emergência, este desengate é acionado para desconexão imediata do braço com a embarcação; fechando válvulas a montante e jusante, liberando a embarcação para desatracar imediatamente do píer ou cais.

Oring

São acessórios que permitem a vedação da união entre as partes metálicas nos equipamentos.

Diversos orings.

Os orings ou anéis de vedação, são acessórios muito semelhantes a junta de acoplamento. São muito importantes para que exista um bom acoplamento e principalmente uma boa vedação nas partes metálicas que se unem.

Uma importante diferença entre o oring e a junta de vedação, é que o oring é encaixado em uma fina canaleta, existente no metal da peça ou equipamento, levando-o a não sair da posição durante o aperto da conexão.

Steam tracing

É um sistema de tubulação de pequeno porte, contendo geralmente vapor aquecido, que é fixado ao longo da tubulação principal, para transmitir calor ao produto.

Imagens do sistema com tubulações do steam tracing.

Este sistema de tubos, tem como principal finalidade, transmitir o calor do vapor, normalmente gerado por uma caldeira; e para manter aquecido, produtos de grande viscosidade.

Esses tubos finos são fixados em um lado ou em ambos; dependendo do diâmetro da tubulação principal e da viscosidade do produto.

São protegidos por um revestimento térmico de gesso, fibra ou outro material adequado.

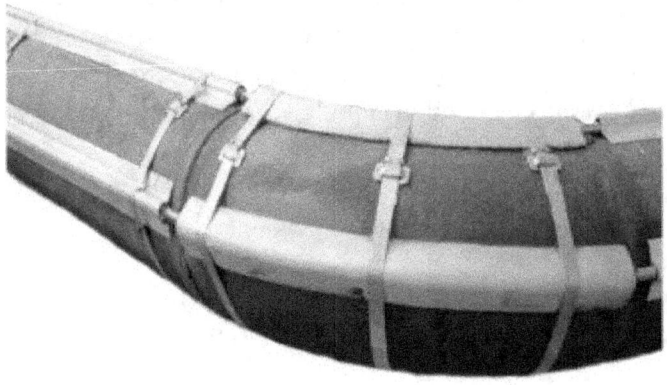

Purgadores de vapor

São equipamentos utilizados para retirar o vapor, que é condensado pelo sistema steam tracing.

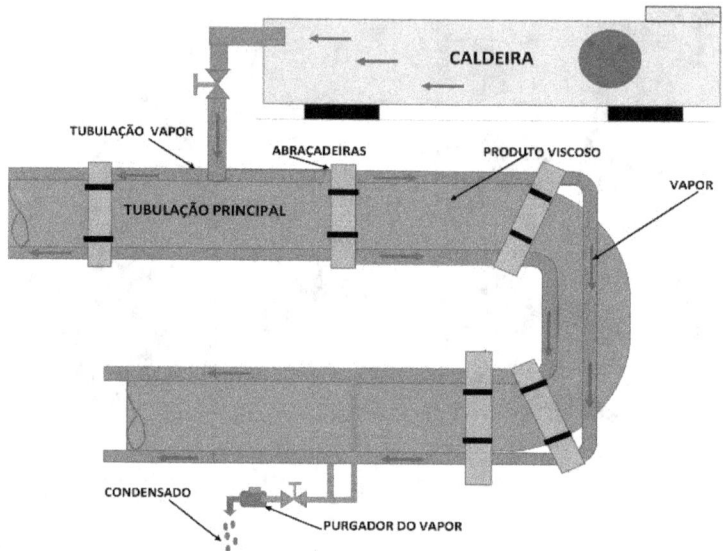

Ilustração simplificada do sistema com o purgador.

O vapor do sistema é normalmente gerado por uma caldeira geradora do vapor, através da água líquida.

Os purgadores são equipamentos instalados sempre nos pontos mais baixos da tubulação, para facilitar o acúmulo do líquido condensado e retirado automaticamente o mesmo; realizando assim a drenagem.

A permanência do líquido na tubulação gera o golpe de aríete, devido a velocidade do deslocamento do condensado de vapor no sistema.

Imagem real de um tipo de purgador

Quadro para PTs – Permissões de Trabalho

Quadro utilizado em alguns terminais, para informar as PTs diárias emitidas na área operacional.

QUADRO DE PT'S		Data: / / Hora:	
Verde (Trabalho a frio)	**Amarelo** (Equipamento fora de operação)	**Vermelho** (Trabalho a quente)	OBSERVAÇÕES
LOCALIZAÇÃO DA PT EMITIDA			
AREA DE BOMBAS 01	AREA DE BOMBAS 02	AREA DE BOMBAS 03	
SISTEMA INCÊNDIO	PLATAFORMA DE CAMINHÕES	PIER	
AREA DE ESFERAS	AREA DE TANQUES	BACIA DE DRENAGEM	

É um quadro que possibilita o conhecimento de todos os principais serviços na área operacional. Este é um quadro muito utilizado pelos supervisores de turno, durante a passagem de serviço entre as turmas.

A etiqueta para amostras

É um cartão utilizado para marcar os recipientes de amostras retiradas; contendo as principais informações, para controle e rastreamento dos produtos na tancagem.

O Etiqueta para amostra-testemunho			
Local: 1	Terminal: 2	Data: 3	Hora: 4
Produto: 5	Tanque: 6	Tipo amostra: 7	Motivo: 8
Densidade ambiente: 9	Temperatura ambiente: 10	Lacre nº: 11	Data/hora da guarda: 12
Amostrado por: 13		Analisado por: 14	

Modelo para Etiqueta de amostragem.

Após a retirada da amostra do produto, é importante e necessária a identificação do recipiente, identificando-o com o respectivo reservatório.

Geralmente, a etiqueta é preenchida ainda no local da retirada, imediatamente após a amostragem.

A etiqueta não deve conter rasuras. Deve conter os dados necessários para identificar o produto, tanque, e medições iniciais necessárias definidas em procedimento. A etiqueta tem como principal finalidade o rastreamento da qualidade do produto.

8 - Alguns itens contra incêndio

Em seguida estão os principais equipamentos geralmente utilizados durante os sinistros envolvendo incêndios.

Cabines para emergências
São locais construídos para abrigar os equipamentos utilizados em combate a incêndios.

Cabines para

EPIs no terminal e no píer.

Nestes locais, que normalmente ficam localizadas próximas as áreas operacionais, são guardados: mangueiras, chaves, esguichos, canhões portáteis, bombonas com LGE, máscaras e outros equipamentos necessários durante os sinistros envolvendo incêndios.

Esguicho para mangueiras

É o equipamento para manuseio e controle da forma de direcionamento do líquido, utilizado na operação contra incêndio.

Esguichos para mangueira.

Durante o sinistro com o fogo é muito importante as formas de condução da água, espuma ou outro líquido, que esteja sendo utilizado para o combate.

Existe, entre as formas de impacto: neblina, chuveiro, jato direcionado etc. Estas formas têm diversas utilidades de acordo com a necessidade desejada. Seja para refrigerar o tanque ou a máquina, refrigerar os elementos da brigada etc.

É o tipo, forma de manuseio e controle com o esguicho, que farão a grande diferença durante o sinistro.

Mangueiras contra incêndio

São equipamentos móveis, posicionados próximos as instalações e veículos operacionais, prontos para conexão nos hidrantes e fácil atuação da brigada da emergência.

Brigadistas em treinamento.

As mangueiras para combate a incêndio, devem estar posicionadas e prontas para uso imediato. O sistema deve ser dotado de conexões internacionais para que possa ser utilizado por outros participantes externos.

Mangueira enrolada.

Roupa térmica contra incêndio

É uma roupa especialmente construída para ser utilizada em locais de altas temperaturas, quando necessária.

Homem utilizando a roupa durante incêndio.   (Fotos: internet livre)

São roupas específicas para uso durante os incêndios devem ser compradas conforme requisitos técnicos específicos, e utilizadas conforme procedimentos e após treinamentos específicos.

Bombeiros em combate.

A vestimenta contra incêndio, como é chamada, tem fabricação exclusiva para este tipo de atuação.

Além da roupa térmica, existem diversos fabricantes de roupas que auxiliam a proteção contra o fogo, ou previnem a ignição imediata.

Muro corta-chamas

Muro corta chamas ou muro contrafogo, é uma parede ou muro de concreto armado especificado para resistir a altas temperaturas.

Muro

Este acessório de segurança, geralmente é construído em locais com possibilidade de incêndios que possam alastrar-se para outras áreas de equipamentos inflamáveis. Serve também, como proteção e apoio para as equipes da brigada de segurança, quando em atuação contra o incêndio.

Prancha para resgate

É uma plataforma plana, projetada e construída para acomodar pacientes, em situações de socorro.

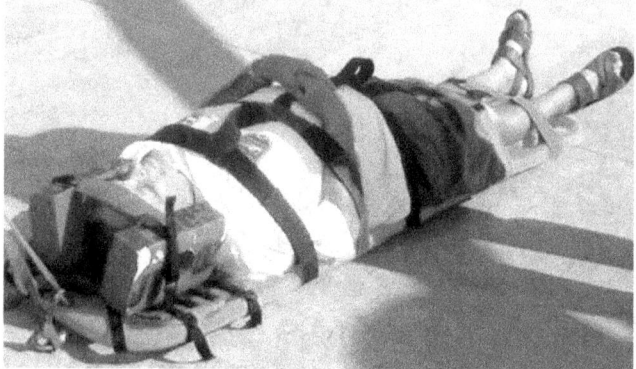

Pessoa na prancha

A prancha de resgate é utilizada pelos socorristas, para imobilizar os acidentados, durante as emergências; evitando o agravamento da condição de saúde do paciente.

Tripulantes do navio em atenção com a prancha

Faz-se necessário a utilização de procedimentos corretos conforme os treinamentos.

Splinker

São equipamentos do sistema de combate a incêndio, que servem para pulverizar água no ambiente.

Splinker na tubulação do teto.

Inventado em 1812, os splinklers são hoje utilizados em muitas edificações em todo o mundo. Tem a finalidade de diminuir a temperatura do ambiente, minimizar o incêndio e algumas vezes atuam como abafadores; facilitando a extinção do fogo no local.

Detalhe do splinker.

É dotado de um sensor de temperatura (bulbo), que após rompido, ativa a abertura de uma válvula na tubulação pressurizada, liberando da água, para auxílio no combate ao incêndio.

Bomba contra incêndio

São equipamentos do sistema de combate a incêndio, que servem para movimentar a água com velocidade e pressão até o local do sinistro.

Sucção das bombas de combate a incêndio.   **Bomba do sistema.**

Geralmente os sistemas de combate a incêndio das indústrias, são projetados para a utilização de bombas elétricas e bombas que funcionam com diesel. A utilização de bombas a diesel é justificada, devido em muitos incêndios, existir a necessidade do desligamento da energia elétrica geral pelos bombeiros.

Para facilitar a atuação da brigada, as bombas podem funcionar remotamente ou manualmente no local.

Líquido LGE

É um produto químico líquido, que ao contato turbilhonado com a água e o ar na mangueira ou tubulação, gera uma espuma que é utilizada para combater o fogo.

Brigadistas em treinamento.

Bombona de LGE conectada a mangueira.

Equipamento portátil.

É um produto não tóxico e biodegradável, muito eficaz quando utilizado para combate ao fogo, provocado por hidrocarbonetos.

Esta espuma é direcionada para a superfície do líquido inflamável, produzindo uma camada em sua superfície; evitando a geração dos vapores inflamáveis e consequentemente eliminando o fogo.

É importante conhecer a FISPQ – Ficha de Informação de Segurança do Produto Químico para melhor utilizá-lo.

Hidrante

São tomadas de uma rede de tubulação, para conexão de mangueiras de combate a incêndio.

Detalhe de hidrante.

Hidrante na área.

Os hidrantes pertencem ao sistema de combate a incêndio de uma indústria. Essas tomadas estão distribuídas por toda a indústria conforme o projeto para essa finalidade.
Geralmente, esta tubulação permanece pressurizada e pronta, para atuar quando ativada após a conexão das mangueiras.

Canhões monitores: fixo e móvel

São equipamentos auxiliares utilizados para combater incêndios.

Existem os canhões monitores fixos que normalmente já estão posicionados nas áreas operacionais próximos aos equipamentos mais críticos como: tanques, esferas, vasos, embarcações etc. Existem também o mesmo modelo na condição móvel, para facilitar um melhor posicionamento no trabalho dos brigadistas. Geralmente são utilizados para o serviço de resfriamento dos equipamentos sinistrados ou próximos.

Extintor

Equipamento utilizado para extinguir o fogo.
Existem diversos tipos de extintores.

Eles são classificados para utilização, de acordo com o material que está gerando o fogo: classe A (madeira, tecidos, papel e materiais sólidos), classe B (líquidos inflamáveis) e classe C (materiais elétricos).

Diversos tipos de extintores.

Os extintores mais comuns são: Água -A, Gás carbônico -C, Pó químico e espuma - B.

Cone ou fita para sinalização

São equipamentos utilizados para sinalização temporária dos locais, alertando sobre algum risco.

Cones sinalizando as mangueiras no piso.

A sinalização sobre algum risco de acidente em área de pedestres, são realizadas com os cones plástico ou fitas de isolamento dependendo da condição do local; até que chegue à solução definitiva.

Em algumas situações são utilizadas as fitas de sinalização devido a fácil identificação a distância.

Cones sinalizando a estrutura quebrada no piso do píer.

para engate rápido

É uma chave universal, que é utilizada para conexão de mangueiras, para o combate ao incêndio.

Chave.

É importante o conhecimento desta chave por todos os brigadistas.
É uma chave necessária na preparação inicial da brigada: para conexão da mangueira ao hidrante, para conexão entre mangueiras (aumentando a linha de mangueiras), etc.

Medidor para explosividade

É o equipamento para medição da quantidade de gases inflamáveis ou explosivos, na atmosfera local.

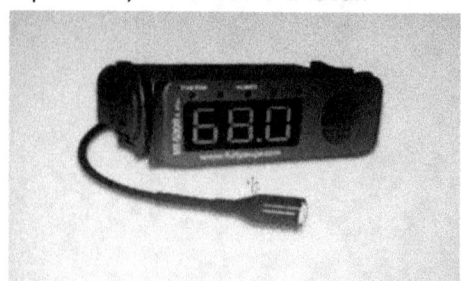

Explosímetro: Equipamento para detectar concentrações de gases e vapores inflamáveis.

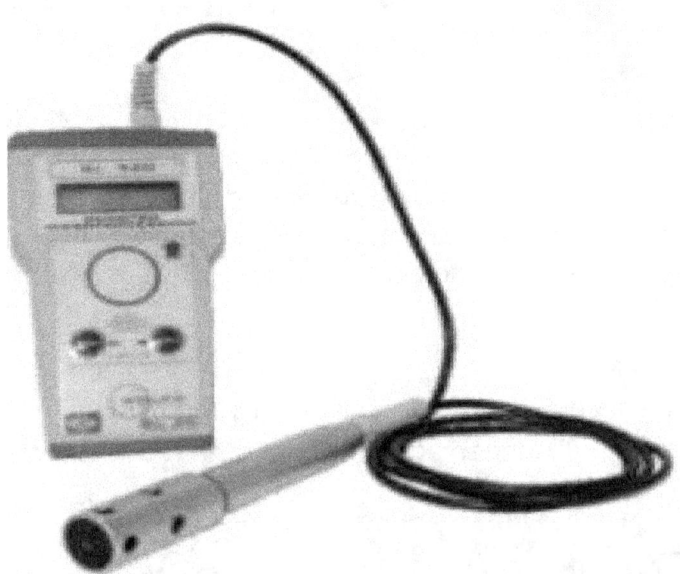

Explosímetro: Equipamento para detectar concentrações de gases e vapores inflamáveis.

É um equipamento que succiona os gases e internamente analisa a queima; determinando o grau de ignição possível da atmosfera analisada. Geralmente o trabalho é executado quando o teor de oxigênio está entre 5 e 8% do volume, conforme o procedimento local. O explosímetro não identifica o tipo do gás, apenas a sua inflamabilidade.

Existem também os equipamentos detectores de gás, que são equipamentos utilizados para medir e indicar diferentes tipos de gases ou vapores no ambiente.

9 - Equipamentos que fazem interface entre navio e terminal

Este item tem como objetivo descrever os principais equipamentos, instrumentos, alguns sistemas do navio; e que tenham uma interface com o trabalho operacional entre o representante de bordo e o representante do terminal ou da carga.

Âncora náutica

A âncora náutica é o equipamento do navio, utilizado para realizar a parada total da embarcação, prendendo-se ao fundo do mar.

Ancora com 3 metros na sucata e proa de navio com âncora pendurada.
Geralmente é uma peça de aço de tamanho proporcional a embarcação, com duas "unhas" e uma argola na extremidade, presa por uma corrente ou cabo.

Ela é solta no momento da parada e içada por um motor quando na ocasião da partida da embarcação.

Boca para acesso ao tanque

São os locais normalmente projetados e construídos, para acesso periódico aos tanques.

Detalhe de convés com a boca para acesso ao tanque. seta

Periodicamente durante as manutenções preventivas, os tanques do navio são limpos e submetidos a reparos durante a docagem das embarcações.   Existe uma escada interna para acesso até o fundo do tanque, para os profissionais treinados e com os EPI's (Equipamentos de proteção individual), necessário para o trabalho. Eventualmente podem ser abertas para medições e amostragem. Exceto em navios de gás.

Boca para medição

São os locais normalmente projetados e construídos, para as medições manuais periódicas dos produtos nos tanques do navio.

Detalhe de convés com a boca de medição.

Semelhante aos tanques dos terminais, existe o local para a medição manual do produto em cada tanque de carga do navio.
 Geralmente, esta medição é realizada oficialmente, quando o navio está atracado em terra, e tem o acompanhamento dos representantes da carga.

Bandeja do manifold

A bandeja do manifold é o local para o recolhimento dos produtos remanescentes, das operações de conexão e desconexão, com os braços ou mangotes conectados com o navio.

Seta indicando a bandeja de boreste (direita).

Antes das operações a bandeja é esvaziada e acompanhada pelo operador do navio (bombeador), para evitar transbordamento.
Na bandeja as conexões que não estão sendo usadas devem estar fechadas, flangeadas e totalmente parafusadas. A tomada de bordo que realizará a operação deverá ser claramente indicada para o operador de terra.

Cabeços de bordo

É uma estrutura de metal localizado no convés da embarcação, com finalidade para amarração e posicionamento da embarcação em um local desejado.

Setas indicando os cabeços.

Serve para colocação dos cabos para amarração, mediante supervisão de um oficial de bordo.

Esta amarração pode ser em um píer, cais ou outra embarcação.

Os marinheiros, recebem treinamento para o correto posicionamento nos cabeços, dos diversos cabos springs, traveses etc.).

Cabos para reboque

São cabos que ficam pendurados na popa e proa do navio, para auxiliar em possíveis retirada emergencial da embarcação, do local da atracação.

Embarcação com cabo pendurado na proa (seta indicando).

Esses cabos servem como auxílio a embarcação que irá rebocar, para que seja alcançado e consiga retirar a embarcação danificada. Normalmente são colocados em altura adequada para que sejam facilmente manuseados durante a emergência.

Cabos para amarração no navio

As cordas ou correntes que servem para a amarração das embarcações, são chamados cabos para amarração.

Cabos do navio fixado no cabeço em terra.

Durante o período da atracação é necessário o bom relacionamento entre pessoal de terra e bordo, para realização da correta amarração da embarcação.

Tripulantes no convés, em faina para amarração do navio.

Cabos mal posicionados podem ocasionar rompimentos, e acidentes no local. Muitas vezes, mais de um navio, utilizam o mesmo cabeço; podendo trazer problemas e impossibilidade de desamarração imediata, em emergências.

Os navios não devem ser amarrados com cabos de diferentes materiais, devido a elasticidades diferentes; e para evitar rompimentos e acidentes.

Convés principal do navio

É a parte do piso ou pavimento mais alto e contínuo de um navio, desde a proa até a popa.

Convés de navio petroleiro.

Os navios petroleiros e de produtos claros, apresentam um convés mais desimpedido, e de melhor visibilidade e locomoção.

Convés de navio para GLP.

Nos navios de GLP e navios químicos, os conveses são menos desimpedidos e de mais difícil locomoção. É a principal área de locomoção e trabalho da tripulação.

Disco de plimsoll

É uma marca pintada em alto relevo, no costado dos navios de carga, que indica a segurança para o limite máximo da quantidade a ser carregada.

Imagem do disco no costado.

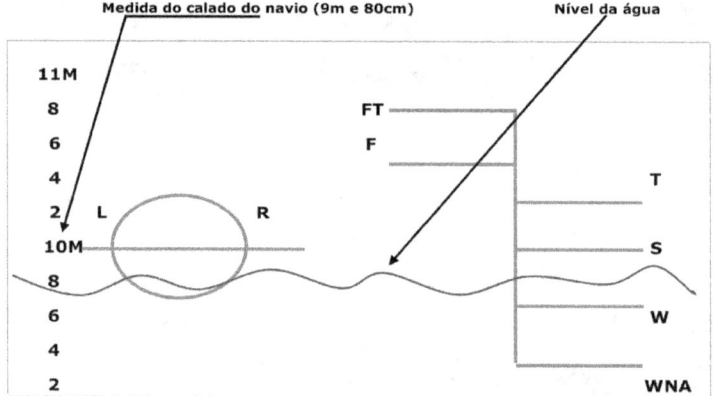

Medida do calado do navio (9m e 80cm)   Nível da água

Detalhe da imagem ampliada.

Esta marca foi criada em 1876 por Samuel Plimsoll, e tem como referência para o carregamento, a linha do nível da água (quando no verão), a estação do ano, o tipo de água se doce ou salgada etc.

Atualmente esta marca chama-se: Linha Internacional de carga.

Embornais

São orifícios ou pontos de drenos, localizados no convés; próximos ao guarda corpo do costado das embarcações.

Setas indicando o local dos embornais.

Diversos embornais estão localizados no convés, na base do corrimão de todo o costado do navio. Os embornais dos navios, petroleiros tem como principal objetivo evitar que qualquer substância líquida derramada no convés chegue até o mar ou rio.
São normalmente mantidos bujonados.
Periodicamente o marinheiro do convés realiza a drenagem da a água limpa para o mar ou rio.

Escada de portaló

É o nome dado a escada de acesso, entre o navio e o píer ou cais.

Escada suspensa no costado.   Escada no píer e no costado do navio.

Normalmente são escadas construídas em alumínio e estão fixadas na lateral do navio, ou nas extremidades do convés.

Após os cabos de amarração é a escada que primeiro é colocada no píer, para acesso do pessoal de terra ou para a saída do prático e dos tripulantes na chegada.

A escada é posicionada levando em consideração as condições de maré. A escada é complementada com uma rede de segurança, para evitar queda de pessoas ou objetos.

Escada de quebra-peito

É o nome dado a escada flexível construída com corda de fibra e degraus de madeira.

Embarque do prático no navio, utilizando a escada quebra-peito.

A escada quebra peito é muito utilizada pelo prático e inspetores da alfandega, quando necessitam acessar o navio na área de fundeio ou da barra.
Nesse tipo de escada existe alguns degraus maiores, para evitar que a escada faça movimento de giro, durante o acesso das pessoas.
É uma escada que necessita de um bom preparo físico, utilizar coletes salva vidas e treinamento, para acessar ou desembarcar do navio.

Guindaste de bordo

Equipamento posicionado no convés principal da embarcação, com a finalidade de suspender e deslocar material pesado.

Guindaste no convés de bordo.

Existem diversos tipos de guindaste de bordo. Algumas vezes chamado pau de carga, normalmente situado e fixado no meio do navio, para possibilitar o trabalho nos dois bordos laterais e na proa da embarcação.

Muitos navios têm um pequeno guindaste na popa, para movimentação de materiais mais leves.

Os guindastes são projetados e construídos com uma capacidade máxima de peso para a carga, e geralmente tem condições para giro de 180 graus.

Hélice de popa

É um hélice localizado na base da popa (parte de trás) da embarcação.

Movimento das águas após acionamento do hélice da popa.

No início do século XX o hélice de parafuso (devido a semelhança de projeto inicial, com os parafusos), substituiu a roda de água para a propulsão dos navios, devido sua eficiência e simplicidade.

Posteriormente passou-se a utilizar as pás de hélices.

O hélice de popa, ainda é o hélice mais comum atualmente utilizado, para a movimentação das embarcações.

Hélice do navio (wikipédia).

Bow thruster e Stern thruster

São tipos de propulsores com hélices, localizados na popa (bow) e na proa (Stern), dos costados (bombordo ou boreste) das embarcações.

Navio com a indicação de stern thruster

São utilizados pelos navios mais modernos para facilitar as manobras laterais, sem o apoio de rebocadores.
São muito utilizados por navios que fazem cruzeiro ou navios que operam em off-shore.

Os hélices ficam localizados em um pequeno tubo no costado, permitindo uma melhor manobrabilidade.

Hélice do bow thruster no costado (internet livre).

Normalmente existe a sinalização de um hélice no costado, para indicar a possibilidade para utilização desse tipo de equipamento no navio (ver seta na imagem).

Existe também o azimutal thruster, que permite a manobra da embarcação, em qualquer direção.

stern thuruster no costado de proa (frente).   **Simbolo do**

Inclinômetro

É um instrumento utilizado para medir ângulos de inclinação e elevação em uma embarcação.

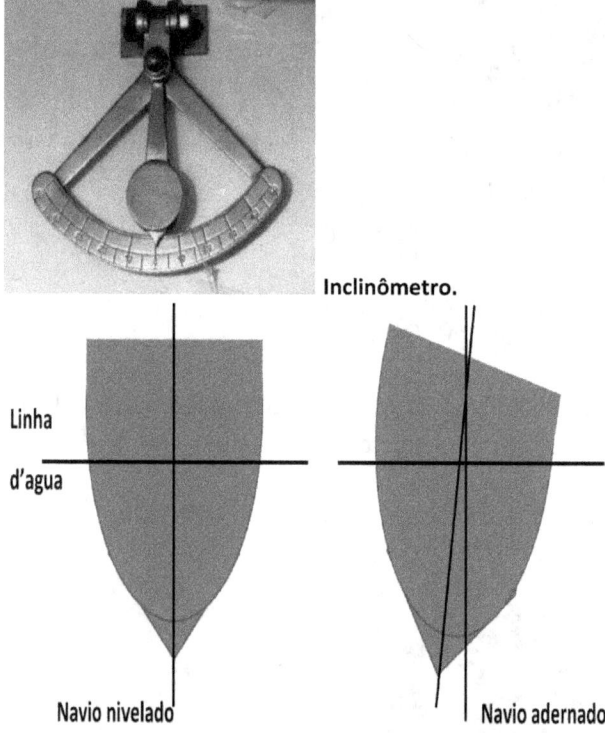

Inclinômetro.

Posições do navio nivelado e adernado.

Existem diversos tipos de inclinômetro de pêndulo, digital etc. Podem ser encontrados em algumas partes fixas internas ou externas da embarcação.

Através do inclinômetro podemos ver imediatamente se a embarcação esta nivelada ou adernada para bombordo ou boreste.

É um equipamento utilizada em diversas áreas técnicas e por diversos profissionais.

Manifold de bordo

É um conjunto de válvulas, geralmente posicionadas no convés, que direcionam e indicam a entrada ou saída dos produtos, para os respectivos tanques do navio.

Seta indicando válvulas do manifold no convés do navio.

Conjunto de válvulas que normalmente encontra-se interligado a uma bandeja por segurança contra os derramamentos.

Quando não estão em operação as tomadas da bandeja devem estar flangeadas. Quando em serviço, são conectadas as tomadas das linhas dos terminais, para que sejam realizadas as operações de carga, descarga ou transbordo entre embarcações.

Painel interno para medição

É um painel interno do navio, destinado a medição das principais variáveis do produto carregado.

 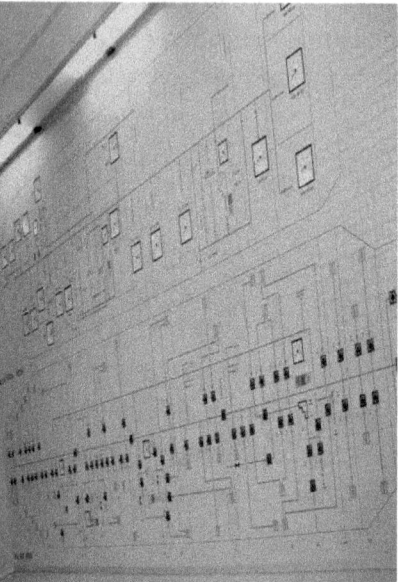

Operadores brasileiros e filipinos em preparação para medição.
Painel interno (por trás e no detalhe).

A medição do petróleo, derivados e o álcool, pode ser realizada diretamente no tanque da carga, ou no painel interno do navio. A medição do painel é realizada com o acompanhamento dos representantes de bordo, geralmente o Imediato; que é o representante de bordo responsável pela carga.

Esta medição das variáveis no painel, é verificada e anotada por todos. Posteriormente iniciam-se os cálculos finais, utilizando as tabelas de correção de bordo.

Passadiço

É o local na parte mail elevada do navio, onde os oficiais de náutica realizam as manobram do navio.

Prático e o Capitão do navio no passadiço, em manobra de atracação.

Também chamado de ponte. Neste local de melhor visão, durante as manobras de atracação e desatracação; além dos oficiais de náutica também recebe a visita do profissional prático, contratado para auxiliar na manobra. Todos sob as ordens do Capitão.

Deste local de destaque, estes oficiais comunicam-se com os operadores do terminal, para realizar a atracação no exato local em terra; onde possam realizar as conexões de bordo, com as conexões de terra.

Régua para calado

É uma régua numerada, localizada no costado das embarcações.

observa o calado.　　Detalhe da régua no costado.　　Operador

 Esta régua é importante para visualização à distância, e anotação, do nível da água; com relação a parte submersa do navio que é o calado. Esta medida pode ser confirmada internamente, nos painéis de medição de bordo, e auxilia quanto à aos cálculos do volume dos produtos na tancagem de bordo.

Retinida

É uma peça esférica, geralmente confeccionada em corda ou nylon, ligada a um cabo; utilizada para iniciar o trabalho de amarração da embarcação.

em corda.   Retinida pendurada no costado.   RetiniRetinida

Normalmente essas retinidas são lançadas inicialmente pela tripulação de bordo, quando a embarcação está próxima ao píer ou cais.
As vezes são lançadas para a lancha de apoio, que as segura e entregam a equipe de amarração em terra; para iniciar a atracação.

É utilizada também pelos marinheiros, para servir como guia, para os primeiros cabos da embarcação lançados para terra.

Sistema para gás inerte

É um sistema para injeção de gás inertizante, entre o espaço do produto e a parte superior "vazia" da tancagem.

Convés de um navio petroleiro.

Após a carga dos navios petroleiros, temos o espaço vazio não preenchido pela carga, que é preenchido pelo oxigênio tornando uma mistura explosiva.

Atualmente, nos navios petroleiros mais modernos, existe um sistema de gás inerte, para injeção do gás nessa área; expulsando ao máximo oxigênio, e tornando o ambiente mais seguro. Geralmente é utilizado o gás do exaustor do navio, após limpeza e tratamento; ou um gerador de gás inerte.

Atualmente, o teor de oxigênio no interior dos tanques, deverão estar menores ou iguais a 8% de oxigênio por volume, e conforme procedimento.

Durante as operações de medição manual ou inspeções, é necessária a purga desse gás com antecedência para evitar sufocamentos de pessoas.

Tabela para correção tancagem de bordo

São tabelas utilizadas para converter o valor de algumas variáveis, após as medições.

Draft	Trim	Lwl	Bwl	Volume	Displ	LCB	VCB	Cb	Am
[m]	[m]	[m]	[m]	[m3]	[tonnes]	[m]	[m]	[-]	[m2]
14.200	0.000	237.439	23.940	53394	54729	110.370	7.891	0.6540	330.865
14.300	0.000	237.548	23.938	53898	55246	110.347	7.950	0.6555	333.257
14.400	0.000	237.658	23.937	54404	55764	110.325	8.010	0.6570	335.649
14.500	0.000	237.768	23.936	54911	56284	110.304	8.069	0.6585	338.040
14.600	0.000	237.878	23.934	55420	56806	110.282	8.129	0.6600	340.432
14.700	0.000	237.989	23.933	55931	57329	110.263	8.188	0.6615	342.824
14.800	0.000	238.103	23.931	56443	57854	110.244	8.248	0.6630	345.215
14.900	0.000	238.217	23.930	56956	58380	110.226	8.307	0.6645	347.607
15.000	0.000	238.330	23.929	57471	58908	110.209	8.367	0.6660	349.998

Modelo de tabela para correção e conversão.

Para cada navio, temos uma tabela de arqueação semelhante a tabela da tancagem de terra; acrescida de diversas correções: trim, calados bombordo e boreste, chapa, correção de banda etc.
Essas correções possibilitam os cálculos dos produtos quanto a volume, peso etc.

Tabela para arqueação dos tanques bordo

É uma tabela construída pelo órgão oficial de medição, medindo todos os espaços do tanque.

Tabela Volumétrica

Altura [cm]	Volume [litros]	Incerteza [%]	Altura [cm]	Volume [litros]	Incerteza [%]
2070	28.739.470	0,29	2100	29.126.111	0,29
2071	28.752.358	0,29	2101	29.138.999	0,29
2072	28.765.246	0,29	2102	29.151.887	0,29
2073	28.778.134	0,29	2103	29.164.775	0,29
2074	28.791.022	0,29	2104	29.177.663	0,29
2075	28.803.910	0,29	2105	29.190.551	0,29
2076	28.816.798	0,29	2106	29.203.439	0,29
2077	28.829.686	0,29	2107	29.216.327	0,29
2078	28.842.575	0,29	2108	29.229.215	0,29
2079	28.855.463	0,29	2109	29.242.103	0,29
2080	28.868.351	0,29	2110	29.254.992	0,29
2081	28.881.239	0,29	2111	29.267.880	0,29
2082	28.894.127	0,29	2112	29.280.768	0,29
2083	28.907.015	0,29	2113	29.293.656	0,29

Modelo de tabela para arqueação.

Esta medição para arqueação é realizada após o final da construção do tanque da embarcação e antes da sua primeira operação. Em seguida é emitida a tabela e o laudo da arqueação.

É importante notar que todas as vezes que houver serviços de docagem da embarcação, poderá ser emitido novo laudo de arqueação da tancagem e nova tabela.

Válvula para alívio

É uma válvula com dispositivo interno automático, que controla a pressão ou temperatura e aciona abertura para outro local de menor pressão.

Seta indicando a válvula para o alívio.

São válvulas calibradas e testadas periodicamente, de acordo com o trabalho e produto que operam. São válvulas semelhantes as válvulas utilizadas na indústria; são úteis para evitar rompimentos de juntas, explosões, vazamentos etc.

As válvulas de bordo também são controladas e acompanhadas por painel interno de bordo pelo operador de serviço ou oficiais de plantão.

Válvula para o lastro

São válvulas internas no fundo do navio, que possibilitam a descarga do lastro.

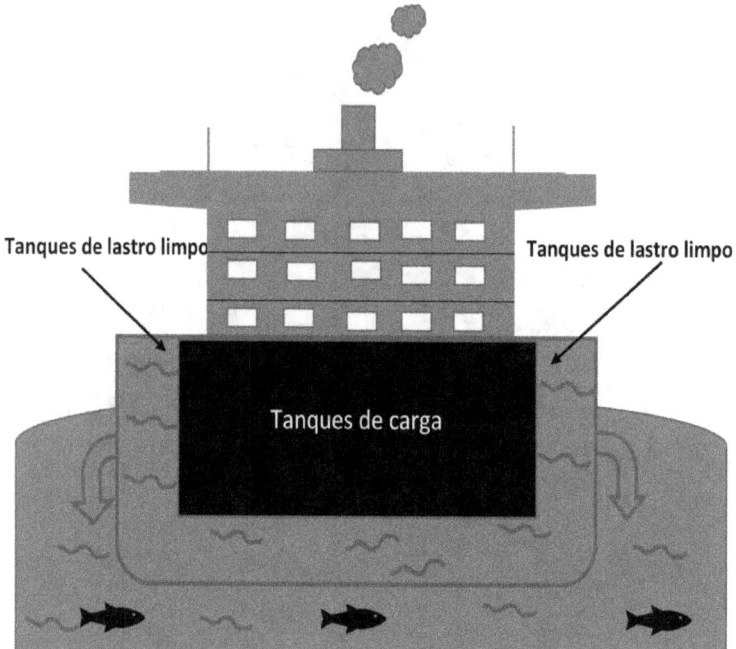

Esboço de navio em descarga dos tanques de lastro.

É importante que se faça durante a inspeção de segurança, o fechamento e a lacração das válvulas de fundo do navio (lastro limpo, lastro sujo etc.), conforme ISGOTT; evitando o deslastre indevido para as águas da área do terminal.

Dessa forma, evitando o risco de agentes patogênicos e sedimentos do lastro, sejam disseminados nas águas do terminal.

10 - Outros equipamentos necessários

Para complementar o trabalho incluímos outros equipamentos que podem não estar no dia a dia operacional, mas que é importante ter o conhecimento básico sobre eles. Estes equipamentos, em algum momento poderão participar do trabalho; principalmente sendo utilizados pelas equipes de apoio operacional.

O Pig

Dispositivo que é introduzido no duto, para deslocamento de um extremo a outro com diversas finalidades.

Pig de espuma.

O nome pig (em inglês porco), é devido o ruído semelhante, durante o deslocamento no interior do duto e aspecto de sujeira ao sair no final do duto. O pig tem diversas utilidades: limpeza, medir espessura de paredes de dutos, separar interfaces de produtos e auxiliando a manutenção de diversas formas. Existem diversos tipos de pig, utilizados para diversas operações: espuma, borracha, aço, instrumentado etc.

É um equipamento que é deslocado no duto por vapor, água, o próprio combustível etc.; obedecendo as condições previstas em procedimento.

Pig instrumentado

É um pig dotado de instrumentos com sensores, para detecção de anormalidades no duto.

Pig instrumentado.

É um dispositivo que detecta diversos defeitos internos como: corrosão, espessura, situação de alguns cordões de solda etc.

São equipamentos utilizados para inspeções em dutos de difícil acesso e com autonomia de 200km ou mais como: florestas, ambiente submarino, região de rios e mangues etc.

Marreta de bronze e martelo de borracha

São equipamentos para utilização em locais de metal, que não podem existir fagulhas.

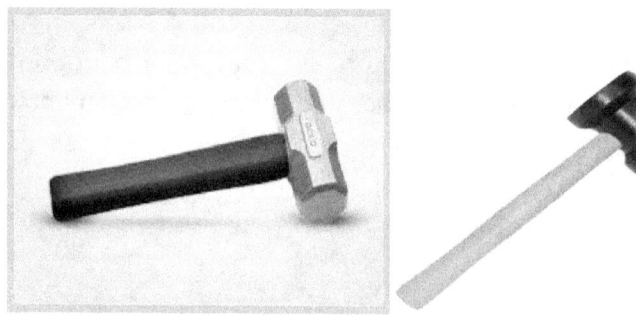

As marretas e martelos de borracha, são muito utilizados em locais que trabalham com hidrocarbonetos ou ambientes inflamáveis com combustíveis.

Servem para evitar fagulhas durante o atrito com outros metais. As marretas de bronze são muito utilizadas para o trabalho com as chaves de impacto.

A chave de bater e chave regulável

As chaves de bater, são chaves utilizadas em conjunto com as marretas. As chaves reguláveis são chaves que se ajustam ao tamanho da porca ou parafuso.

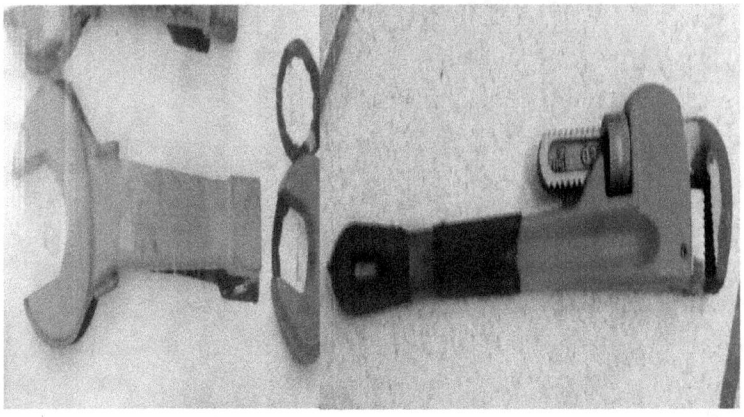

Chave de bater. **Chave regulável.**

Existem diversos tipos de chaves de bater: boca, estrela, estrela curva etc. As chaves reguláveis, ou para cano, ou inglesa são chaves em que a cabeça da peça se ajusta ao equipamento onde será fixada.
São duas chaves muito utilizadas no dia a dia do trabalho operacional.

Manilha para içamento

É um acessório que auxilia na fixação de duas extremidades.

Manilhas.

A manilha é formada por duas partes de aço e desmontáveis: corpo curvado em forma de ferradura, e dois furos nas extremidades, para encaixe de um pino com porca rosqueável ou algumas vezes um contra-pino encaixado no pino.

No corpo da manilha geralmente são marcadas a carga máxima de trabalho em toneladas.

É um acessório utilizado para fixação ou movimentação de cargas.

Porta-termômetro

É o equipamento utilizado para acomodar o termômetro dentro do tanque, facilitando para que interfira ao máximo com o produto a ser medida a temperatura.

É chamado também, de cuba para o termômetro. É colocado o termômetro no interior da cuba e pendurado dentro do tanque para obter a temperatura de cada camada necessária.
Geralmente tem uma base de metal que não causam ignição, em ambientes inflamáveis, caso haja atrito.

Lanternas

São equipamentos utilizados para iluminação portátil ou auxiliar, em locas de difícil acesso.

Lanternas ou flash light.

Existem diversos tipos de lanternas, plástico de alta densidade, metal etc., empregados em ambientes onde a atmosfera é explosiva.

As lanternas utilizadas para o trabalho nesses ambientes devem ter o selo de "intrisically safety". Ou seja, não causam ignição em materiais inflamáveis, e estão autorizadas para o trabalho em atmosferas potencialmente explosivas.

Veículos para apoio

São veículos que dão suporte para os trabalhos diários na área operacional.

Caminhoneta, caminhão munk e empilhadeira.

Alguns desses transportes tornam-se essenciais para o trabalho no terminal, píer e áreas operacionais, quanto ao transporte de pessoal, ferramentas e realização de serviços diversos.

Equipamentos comuns

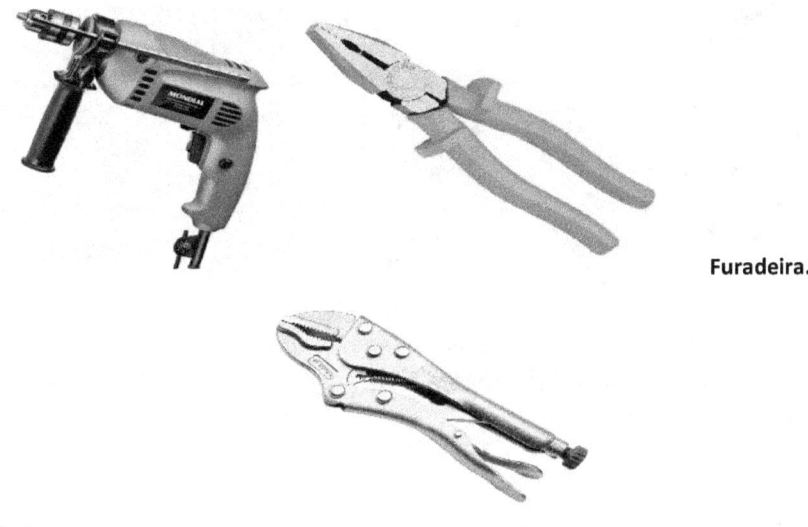

Furadeira.

Alicate comum.

Alicate de pressão.

Serra elétrica.

Existem centenas de equipamentos e instrumentos simples que se utiliza em toda ferramentaria das empresas e que não vemos a necessidade de detalhá-los como: martelo, furadeira, serra manual, chaves de fenda, de boca, regulável, alicate comum, alicate de bico, alicate de pressão, etc.

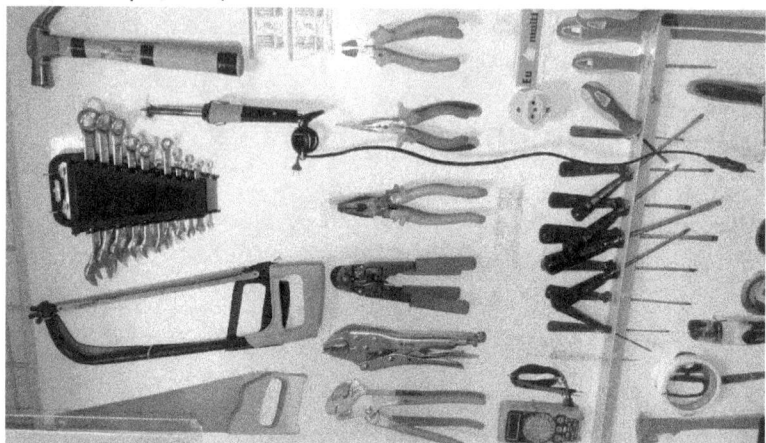

Quadro com diversas ferramentas.

É sempre aconselhável em qualquer área de manutenção, manter um quadro de ferramentas bem diversificado, em qualquer oficina, de acordo com a área de atuação.

Caminhão vácuo

É um caminhão tanque, equipado com bomba para sucção de produtos líquidos ou viscosos.

Caminhão vácuo.

Faz-se necessário o contato no Plano de Emergência com algumas empresas que trabalham nesse serviço, para facilitar nas manutenções ou emergências. Geralmente com capacidade para 25.000 litros.

São empresas autorizadas pelos órgãos ambientais, que realizam o descarte em locais autorizados, para os tratamentos desses produtos.

Drones na faixa de dutos

Veículo aeronáutico, dotado de câmera e outros dispositivos, capaz de realizar imagem das diversas tubulações.

Drone.

Com a chegada de novas tecnologias as áreas de dutos, principalmente os oleodutos e gasodutos remotos já podem ser vistoriados de uma forma mais rápida e econômica, através da utilização desses veículos dos dutos.

São equipamentos que podem chegar rápido, com segurança em locais de difícil acesso, tornando-se ferramenta de grande utilidade.

Esses equipamentos trazem a imagem e as condições de alguns pontos mais importantes para que se possa fazer uma triagem quanto aos diversos tipos de manutenções.

Maçarico para corte e solda.

É o equipamento normalmente utilizado para corte e solda de metais.

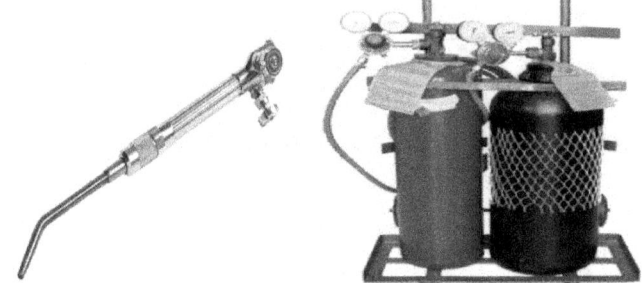

do maçarico. Cilindros com os combustíveis. Bico

Na área de terminais estes equipamentos são muito utilizados para corte ou solda de tubulações de aço carbono. Para os dutos que já estão em operação com hidrocarbonetos, é imprescindível a limpeza antecipada para que possa ser iniciada uma operação de corte ou solda do equipamento.

Compressor de ar

Normalmente é um equipamento para captar o ar ambiental e armazená-lo sob pressão.

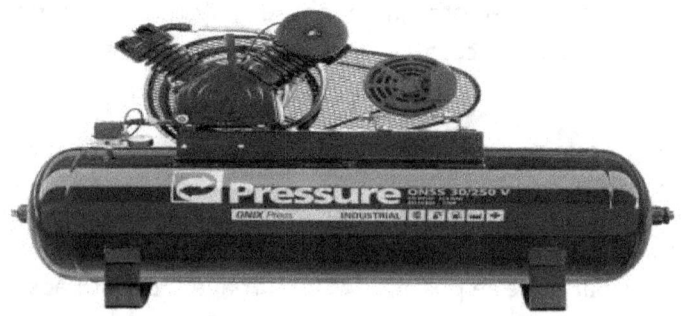

Compressor de ar.

Existem diversos tipos de compressores, para as diversas utilizações. Os compressores são muito utilizados nas oficinas industriais para variados tipos de serviços e manutenções: limpezas com água sobre pressão, oxigenação de ambientes confinados, serviços em tubulações etc.

Placas para sinalização

São placas que indicam algumas diretrizes que devem ser obedecidas na área operacional.

Saída de emergência. Placa PARE.

As placas de sinalização estão localizadas em locais de fácil visualização e leitura para todos os empregados e visitantes. Indicam os locais de perigo, rotas de fuga, produtos perigosos, situações de risco e diretrizes necessárias para cada terminal.

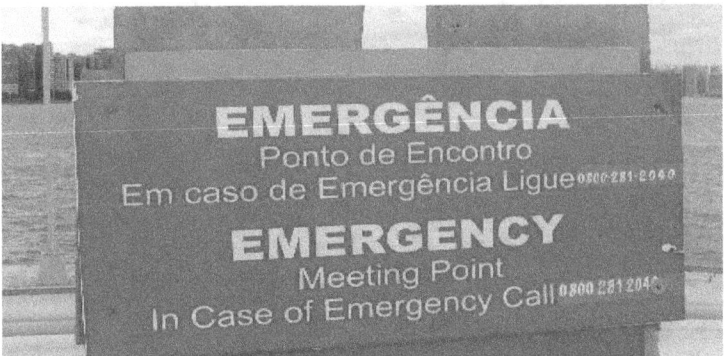

Placa encontro de emergência.

Algumas placas adicionais são colocadas, próximas aos locais onde produtos mais perigosos estão sendo movimentados; informando as principais diretrizes em caso de emergências.

Painel elétrico geral

É um painel ou quadro elétrico, onde são reunidos todos os direcionadores de eletricidade internos, para uma referida área.

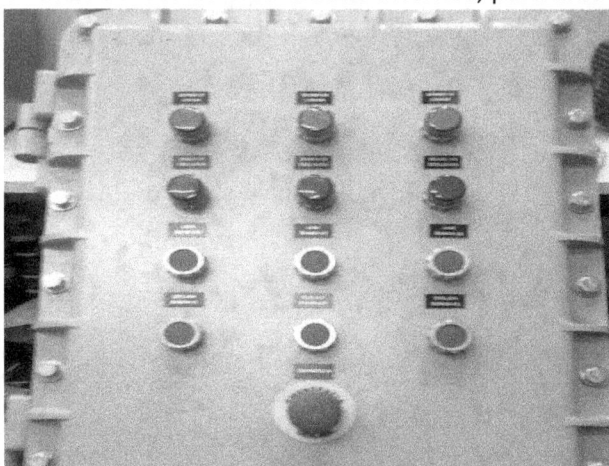

Painel elétrico geral.

Geralmente este quadro é utilizado pela área de manutenção, antes da realização de qualquer serviço. Pode também ser utilizado pelo empregado responsável pela área para desenergizar o local durante alguma emergência.

Painel elétrico geral no píer.

Boia do quadro de boias

São boias para atracação dos navios em alto mar.

Boia em alto mar, com navio próximo - Guamaré-RN.

No caso de Guamaré são boias circulares para atracação, com capacidade para 20 toneladas de empuxo; formando um V, onde o navio é posicionado de ré durante a amarração.

Dessa forma possibilita a conexão do mangote que está ligado ao manifold no fundo do mar. Este mangote é constantemente acompanhado pelas equipes de terra e de bordo.

Detalhe de Rebocador próximo as boias.

Iluminação portátil

Equipamento elétrico para iluminação durante emergências, na área do píer ou cais.

Equipamentos nas áreas externas.

É importante que estes equipamentos sejam autorizados oficialmente como equipamento intrinsecamente seguro (Intrinsically safetely). São equipamentos úteis em situações noturnas de emergência nas áreas operacionais. Observar o procedimento de utilização enviado pelo fabricante e autonomia quanto as baterias.

Agradecimentos

Todos que participaram direta ou indiretamente das pesquisas!
FONTES DE PESQUISA

- Internet livre: Fotos já grifadas no trabalho;
- Wikipédia: já grifadas no trabalho;
- Fonte: Construção própria (construído pelo autor)

Autor do Trabalho

- Realizou 02 anos de trabalho na área de Processos de Usinagem de metais (Siderúrgica COSINOR-PE);
- Trabalhou 32 anos na área operacional da Petrobras: Estagiário, Operador, Supervisor e Gerente;
- Trabalhou 12 anos como Supervisor de Operações em Terminal Aquaviário;
- Participou da Criação de mais de 30 Procedimentos Operacionais para Operações com derivados, álcool e navios;
- Trabalhou por 9 anos como Programador Logístico de operações com navios para 12 terminais do N/NE: Maceió-AL até Coarí-AM;
- Elaborou Plano de Contingência de um terminal de derivados por 3 anos. Simulando ações 5W1H, para mais de 20 situações principais em grandes emergências, nas áreas operacionais;
- Realizou por 8 anos, treinamento em mais de 60 procedimentos operacionais, para Operadores de Transferência e Estocagem e para Auxiliares de Operação;
- Criou mais de 1000 questões objetivas, para um Programa de autoavaliação em Procedimentos operacionais;
- Autor de 23 livros (5 técnicos sobre Terminais e navios na indústria do petróleo) e continua realizando palestras voluntárias para escolas e empresas;
- **BLOG: arthurmadaga.blogspot.com.br**
- Veja nosso **Canal no YouTube!**

OBS: Toda a renda de direitos autorais, o autor repassa para instituições beneficentes.

Livros do mesmo autor:

OPERAÇÕES COM NAVIOS NA INDÚSTRIA DO PETRÓLEO

Um livro que explica sobre principais etapas para o trabalho nos Terminais que operam com derivados de petróleo, álcool, glp. Programação, transporte, estocagem, movimentações etc. Apresentando uma leitura simples e fácil.

O TRABALHO NOS TERMINAIS DE COMBUSTÍVEIS

Um livro continuando a explicação sobre o trabalho nos Terminais de derivados de petróleo e álcool, numa visão mais gerencial: controles, perdas, novos Terminais, o trabalho de cada profissional etc. Apresentando uma leitura simples e fácil.

SUAPE E O PETRÓLEO

O livro mostra as impressões colhidas pelo seu autor, quando participou dos eventos aqui relatados, durante os 30 anos
trabalhados na época em Suape. Mostra o resgate da memória, de um Porto e um terminal.
Sua influência no desenvolvimento de muitos municípios, cidades, regiões e estados do Brasil.

PROCEDIMENTOS OPERACIONAIS EM TERMINAIS DE COMBUSTÍVEIS

Como o trabalho deve ser realizado. O trabalho com navios, tanques, esferas e dutos. Medir, amostrar, quantificar e movimentar, os diversos derivados de petróleo e álcool. Quais as observações e cuidados importantes, dentro dessa atividade.

AS QUADRAS DE MADAGASCAR

Era comum na antiguidade se escolher bem a pessoa para quem repassar a informação de grande poder. Essa informação tanto poderia construir ou destruir na medida proporcional a esse poder.
Os textos trazem uma rima e sons que podem se transformar em música quando necessários. As Quadras que falam e cantam a vida.

TREINAMENTO OPERACIONAL

Já está na hora do empregado se sentir motivado para realizar o treinamento e vê-lo, como um autodesenvolvimento.
E a empresa, deve ver o treinamento como um investimento e não como um custo.

PRINCIPAIS FERRAMENTAS E SISTEMAS

Conhecer resumidamente e com simplicidade, 32 sistemas operacionais, mais de 200 equipamentos e acessórios, utilizados diariamente para o trabalho na indústria do petróleo, petroquímicas e similares.

A CASA DE POÇO ALTO

Não se trata apenas de uma biografia. São muitos relatos de experiências vividas. São mais de 70 histórias verídicas ocorridas; com fatos interessantes, e que certamente trarão alguma utilidade para o leitor. Em toda narrativa, é vista a grandeza conduzida sabiamente pela vida; para nos tornar sempre melhores, e nos tornar mais humanos e servidores.

JUCA PINTOR e seus amigos divertidos

São muitas estórias curtas, engraçadas e verídicas sobre esse personagem e seus amigos. Ao todo, esses 4 livros apresentam 50 personagens, que convivem em estórias de suas vidas no cotidiano simples da vida social. Um livro para toda a família ler e sorrir!

JUCA PINTOR e suas histórias engraçadas

Este foi o segundo livro sobre o Juca. São muitas estórias curtas, engraçadas e verídicas sobre esse personagem e seus amigos. Ao todo, esses 4 livros apresentam 50 personagens, que convivem em estórias de suas vidas no cotidiano simples da vida social. Um livro para toda a família ler e sorrir!

AMBULANTES DO PASSADO NO BRASIL

Esse livro tem o objetivo de contribuir com algumas informações sobre os vendedores ambulantes que frequentavam as grandes capitais do Brasil desde o final da escravatura, até o começo do século 21. Mostrando um passado entre 1880 e 1990. Falaremos sobre aqueles vendedores que circulavam nas capitais e entre as pequenas cidades, oferecendo seus serviços e produtos. Um livro para toda a família ler e conhecer a história.

UMA PORTA, OUTRO MUNDO

Conheça agora, uma série de vidas entrelaçadas e dependentes do amor, um trabalho direcionado por algumas pessoas simples, iguais a cada um de nós. Pessoas que posicionavam suas mãos sobre a cabeça de outros, traziam a calma necessária para conduzir, passar, e o outro receber uma prece com mais eficácia. Histórias interessantes que alcançam outros Universos e outras dimensões. Um livro baseado em histórias verídicas.

DHÉA- Asas que transportam

Abra sua mente para uma viagem cósmica inigualável. Em um tempo e data de comparação difícil com as referências da Terra, existe um astro diferenciado em estado celular e atômico. Ele é semelhante aos animais racionais da Terra. Conheça o astro Dhéa. Conheça a gigantesca estrela Djaruma, controladora da galáxia chamada Abdaron.

TETÉ A madrinha da rua

 Conheça Teté! Um tempo e lugar onde as crianças ainda dividiam boa parte do carinho e atenção dos seus pais, vizinhos e amigos. Um livro, baseado em fatos.

Mostrará o cotidiano da vida do leiteiro, do bodegueiro, da lavadeira, do acendedor de luzes, das crianças; da sociedade destruindo preconceitos nocivos e construindo uma vila comunitária.

MANJARRAS DO SOL

 O Sol atuando como Manjarras de luzes que alcançam uma quantidade infinita de astros em revoluções, através de nosso Universo visível e invisível. O trabalho mostra a construção mental do nosso Sol, quando foi produzido em um Universo distante. Veja o relato sobre a realidade de vidas operando o Sol, e trazendo consciências para o nosso planeta, com o auxílio de técnicas mentais e seres mentalizadores.

MALAI BANZÊ

A ocorrência é registrada no começo da primeira metade do século XIX, durante o auge do comércio escravo português no Brasil.

Mostra a violência no trato com seres humanos, considerados como simples animais irracionais em forma de trocas comerciais diversas.

A selvageria aumenta em meio a ganância de senhores de escravos que dominavam e faziam suas leis em meio aos canaviais distantes das cidades e da civilização; em meio a conivência imperial.

AS QUADRAS CONTINUAM

As quadras escritas, são poesias escritas em forma de quadra que trazem uma mensagem endereçadas a alguns poucos corações que conseguem sentir e traduzir a mensagem hermética e embutida.

ABUNDÂNCIA E DECADÊNCIA

O livro mostra a crescente abundância, na criação de valores que trazem um perigoso desenvolvimento social e humano. A força crescente do individualismo em detrimento de vontades sinceras, naturais e dos grupos; deixa-nos distantes do propósito que nos tornou fortes e condutores do planeta por todos estes poucos milhares de anos.

O ARTISTA

As letras, as palavras e as frases tentam mostrar a sutileza e diferença do artista, diante do senso comum; diante dos confrontos e mudanças naturais a cada instante.
Desde pequeno, João Deodato parecia brincar com as formas em variados tipos de materiais.
Alheio aos riscos sarcásticos iniciantes e as cruéis encruzilhadas da ignorância, ele seguia sua implacável vontade de conduzir as energias conforme seus sentimentos.

EVANJÚ DE BALÊ

Baseado em história real! A história ocorre no final do século XIX na região canavieira da Várzea do Capibaribe, região próxima ao antigo Recife, hoje capital de Pernambuco. Um romance cheio de detalhes históricos e místicos, vividos por mais de 30 personagens. Mostra o misticismo vivido entre índios, escravizados e portugueses.

PENSAMENTOS, PALAVRAS E AÇÕES

Um livro que surpreende pela forma de explicar temas tão profundos e de difícil entendimento para a maioria das pessoas. Conhecer a essência da matéria, trabalhar com energias e suas relações com os seres, é um dos caminhos para iniciar a retirada do véu da ignorância e realizar novos passos na direção correta.

A casa de dona Lêda

História baseada em fatos ocorridos no passado, narram em detalhes a vida familiar de uma senhora pobre do subúrbio do Recife. Envolve uma grande quantidade de pessoas jovens que partilharam seus sonhos e arriscaram suas vidas, saindo do sertão pernambucano e acreditando no apoio da família de dona Lêda.

A FUNDIÇÃO

Uma fundição do passado, um evento sideral envolvendo criaturas de outras estrelas. Uma forma de ensinamento. Uma forma de aprendizado.

www.ingramcontent.com/pod-product-compliance
Lightning Source LLC
Chambersburg PA
CBHW052310220526
45472CB00001B/57